Roland Leuschel

Selbst schweißen, schlossern und löten

Compact Verlag

Alle Anleitungen wurden sorgfältig
erprobt – eine Haftung kann
dennoch nicht übernommen werden.
Chefredaktion: Ilse Hell
Redaktion: Sabine Hoogen
Umschlaggestaltung: Ingeborg Cisse
Produktion: Wolfram Friedrich
Druck: Color-Offset GmbH, München
ISBN 3-8174-2226-1
2222266

Besuchen Sie uns im Internet:
www.compactverlag.de

Ein Wort zuvor

Selbermachen – ein Hobby, das heute für Millionen zur sinnvollen Freizeitbeschäftigung geworden ist. Ob es sich nun um die gemietete Altbauwohnung oder um die eigenen vier Wände handelt, mit etwas Geschick und einer fachmännischen Anleitung lassen sich oft verblüffende Ergebnisse erzielen: bei kleineren Reparaturen, beim Renovieren und Verschönern und beim Um- und Ausbauen.

Und Selbermachen bringt Spaß. Freude an der eigenen Arbeit, deren Ergebnis man Tag für Tag sehen und »bewundern« kann; es spart Geld, mit dem sich langgehegte Wünsche erfüllen lassen, und es macht unabhängig von Handwerkern, auf die man womöglich wochenlang und schließlich vergeblich gewartet hat.

Fachgeschäfte, Heimwerker- und Baumärkte versorgen den Hobby-Handwerker mit allen Werkzeugen und Materialien, die er braucht. Doch richtiges Werkzeug und Begeisterung allein reichen nicht aus. Unerläßlich sind eine gründliche Vorbereitung und Fachkenntnisse, wie eine Arbeit durchzuführen und was dabei zu beachten ist.

COMPACT PRAXIS **Selbst schweißen, schlossern und löten** zeigt, wie man's macht. Mit wertvollen Tips und Tricks, die sich in der Praxis tausendfach bewährt haben. Jeder Arbeitsgang wird ausführlich Schritt für Schritt gezeigt und in Bild und Text erläutert. Übersichtliche Symbole zeigen auf einen Blick, mit welchem Schwierigkeitsgrad, welchem Kraft- und Zeitaufwand Sie bei jedem Arbeitsgang rechnen müssen, welche Werkzeuge Sie brauchen und wieviel Geld Sie durch Ihre eigene Arbeit einsparen können.

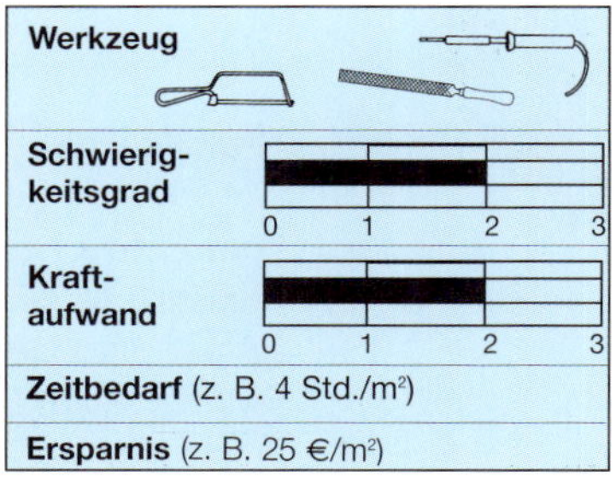

Und so stufen Sie sich richtig ein:

Schwierigkeitsgrad 1 – Arbeiten, die auch der Ungeübte ausführen kann. Es ist nur geringes handwerkliches Geschick erforderlich.

Schwierigkeitsgrad 2 – Arbeiten, die einige Übung im Umgang mit Werkzeug und Material erfordern. Es ist handwerklich durchschnittliches Geschick notwendig.

Schwierigkeitsgrad 3 – Arbeiten, die fachmännische Übung erfordern. Überdurchschnittliches Geschick ist erforderlich.

Kraftaufwand 1 – Leichte Arbeit, die jeder bequem erledigen kann.

Kraftaufwand 2 – Arbeiten, die eine gewisse körperliche Kraft voraussetzen.

Kraftaufwand 3 – Arbeiten für kräftige Heimwerker, die keine »Knochenarbeit« scheuen.

Auf einen Blick

Die »richtige« Schlosserei

Eine der ersten Fragen, die sich dem »Hobby-Schlosser« stellen, betreffen die Grundausrüstung und den richtigen Arbeitsplatz. Es ist nicht nötig, sich sofort eine komplette Werkstatt einzurichten. Je nach Aufwand und Umfang Ihrer Arbeiten können Sie allmählich Ihre Grundausrüstung für die Metallbearbeitung aufstocken.

Bohr- und Schleifmaschinen bis hin zu Löt- und Schweißgeräten sind mittlerweile preisgünstig zu erwerben. Teure Spezialmaschinen lohnen sich selten.Vielmehr empfiehlt es sich, bestimmte Arbeitsschritte, wie das Zersägen von Vollmaterialien oder das Zuschneiden großer Bleche, von einer Schlosserei ausführen zu lassen. Als Alternative dazu bieten sich Schlosser-Hobbywerkstätten an, in denen Sie sich Zugang zu Werkzeugmaschinen unter fachmännischer Anleitung verschaffen können. Dort stehen Ihnen meist auch Schweißgeräte, Säge- und Ständerbohrmaschinen zur Verfügung.

Der richtige Arbeitsplatz

Haben Sie erst einmal Spaß an Ihren Metallarbeiten gefunden und wollen Sie regelmäßig mit Metall arbeiten, dann ist die Einrichtung eines vollständigen Arbeitsplatzes und eines kleinen Materiallagers sinnvoll.

Eine Garage oder ein Hobbyraum sind für diesen Zweck geeignet. Achten Sie jedoch darauf, daß der Arbeitsraum gut beleucht-, belüftbar und mit der entsprechenden elektrischen Installation und Ausrüstung versehen ist.

Werkbank

Die meisten Schlosser-Arbeiten werden an der Werkbank ausgeführt. Diese sollte deshalb groß-

Werkbank mit Arbeitsplatte, Schraubstock, Werkzeugfächern

flächig und stabil sein; außerdem in den Schubläden genügend Platz für das Handwerkszeug und die Prüfgeräte bieten.

Ein solider **Schraubstock** muß fest und in der richtigen Höhe auf der Arbeitsplatte montiert sein. Plazieren Sie ihn so, daß auch lange Werkstücke senkrecht und waagrecht eingespannt werden können.

Der Schraubstock ist das gebräuchlichste Spannmittel für die meisten Handwerksarbeiten, sei es nun Sägen, Feilen oder Meißeln. Damit er auch reibungslos funktioniert, sollten Sie ihn von Zeit zu Zeit gut ölen.

Schraubstock

Stabile Unterlage

Arbeiten wie Körnen und Hämmern führen Sie zweckmäßigerweise an einem kleinen **Tischamboß** durch. Ein glatter, etwa 20 kg schwerer Metallblock leistet aber genausogute Dienste und erleichtert zudem das Biegen und Abkanten von Blechen. Optimal ist eine Richtplatte.

Der Amboß ist eine solide Unterlage

Elektrische Maschinen

Zur Grundausstattung für Arbeiten mit Metall gehört außerdem eine möglichst drehzahlregelbare **Tischbohrmaschine**, die an der

Standbohrmaschine

Werkbank befestigt ist. Auch ein Bohrständer für eine einfache Handbohrmaschine leistet gute Dienste.

Einen **Schleifbock** benötigen Sie, um Ihre Werkzeuge, wie Körner, Bohrer, Meißel und Anreißnadeln, zu schleifen; darüber hinaus ist er gut zum Entgraten von Werkstücken geeignet.
Eine ideale Ergänzung ist schließlich eine Handschleifmaschine, besser unter dem Begriff »Flex« bekannt.

Sicherheitstip
Bei der Wartung von elektrischen Geräten (z.B. beim Wechseln von Schleifscheiben oder des Bohrfutters) müssen Sie unbedingt den Netzstecker ziehen, damit sich das Gerät nicht selbsttätig einschalten kann. Entfernen Sie außerdem nie die vorhandenen Schutzeinrichtungen!

Achten Sie beim Einkauf der Werkzeuge und elektrischen Geräte auf die Qualität, und lassen Sie sich vom Fachmann beraten. Bevor Sie Ihre Maschinen in Betrieb nehmen, sollten Sie genau die Bedienungsanleitung studieren.

Pflege des Werkzeugs
Die Werkzeuge sollen immer sachgemäß und trocken aufbewahrt werden. Trennen Sie stets das Grobe vom Feinen bzw. das Prüf- vom Handwerkszeug.

Sicherheitstip
Werkzeuge sollten nirgendwo achtlos liegengelassen werden. Die Unfallgefahr wird entschieden verringert, wenn die Werkzeuge immer an ihrem jeweiligen Platz aufbewahrt werden.

Arbeiten Sie generell nur mit intaktem Werkzeug. Bohrer sollten gleich nachgeschliffen werden, wenn sie abgestumpft sind. Für den Ungeübten werden hierfür im Handel Bohrerschleifvorsätze angeboten.
Kaputte Schraubendreher und Zangen sollten Sie sofort auswechseln. Schraubendreher und Schlüssel, Zangen, Hämmer und Körner gehören zum unentbehrlichen Montagewerkzeug, das immer griffbereit sein sollte.
Verwenden Sie Werkzeuge ausschließlich für den Zweck, für den sie bestimmt sind.
Vor allem Prüfwerkzeuge müssen pfleglich behandelt und sorgsam aufbewahrt werden.

Behutsamer Umgang mit Handschleifmaschinen

Pflege der Werkzeuge

Schweißgerät

Bekleidung

Die richtige Arbeitskleidung besteht aus einem schwer entflammbaren Baumwollstoff. Man sollte sich darin wohlfühlen und auch gegen Hitze sowie Kälte geschützt sein.

Sicherheitstip

Das Arbeitsgewand muß eng anliegen, so daß Sie sich beim Arbeiten vor allem mit Maschinen nicht darin verfangen.

Festes Schuhwerk bewahrt Ihre Füße vor Verletzungen durch herunterfallende Gegenstände und herumliegende Nägel. Zudem gewährleistet es Ihnen einen sicheren Stand.

Arbeitshandschuhe schützen Ihre Hände beim Hantieren mit scharfkantigen Blechen und Profilen. Sie sollten sie allerdings nicht tragen, wenn Sie mit einer Bohrmaschine arbeiten, weil der Handschuh sich verfangen kann.

Sicherheitstip

Tragen Sie immer wenn nötig Schutzbrille und Gehörschutz.

Bei einer Reihe von Arbeiten ist es dringend notwendig, daß Sie eine

Schutzbrille tragen. Sie schützt die Augen vor herumfliegenden Spänen und Funken, die z.B. bei Arbeiten an Schleifmaschinen entstehen. Werden lärmende Tätigkeiten ausgeführt, so ist ein Gehörschutz empfehlenswert.

Sicherheitstip
Für Schweißarbeiten ist die Verwendung eines Schutzschirms unerläßlich. Die intensive UV-Strahlung beim Elektroschweißen kann auch schon beim kurzen Hinsehen ohne Schutz zu schmerzhaften Augenreizungen führen (»Verblitzen«).

Bei Schweiß-, Schleif- und Schmiedearbeiten mit starker Funkenentwicklung ist es ratsam, eine Lederschürze zu tragen.

Schweiß- und Lötgeräte
Den Schweißgeräten räumen Sie in Ihrer Werkstatt am besten einen gesonderten Platz ein, der den Sicherheitsvorschriften genügt.
Elektro- und Schutzgasschweißgeräte sind gewöhnlich problemloser in der Bedienung als Autogenschweißgeräte.
Für den weniger geübten Heimwerker ist die Beschaffung von Acetylen- und Sauerstofflaschen aufgrund der umfangreichen Sicherheitsvorschriften und der komplizierten Handhabung nicht ratsam. Verwenden Sie lieber Flüssiggasflaschen mit entsprechenden Brennern. Zum Löten sind die damit möglichen Temperaturen ausreichend. Für Gasflaschen ist ein gesonderter sicherer Aufstellungsort erforderlich.

Schweißarbeiten sollten nicht an der Werkbank, sondern an einem separaten Schweißtisch ausgeführt werden. Der Raum, in dem geschweißt oder gelötet wird, sollte gut durchlüftbar sein.

Besondere Vorsicht gilt bei Acetylen- und Sauerstoffflaschen. Absperrventile und Druckminderer müssen metallisch sauber sein und dürfen keinesfalls eingeölt werden.

Prüfen Sie alle Anschlüsse und Leitungen auf Dichtigkeit.

In der Nähe der Schweißstelle dürfen sich keine brennbaren Materialien, wie Ölkanister oder Waschbenzin, befinden. Sicherheitshalber sollte ein geeignetes Löschmittel (ein Eimer Wasser oder Sand) bereitstehen, falls bei den Arbeiten Funken und Flammen entstehen.

Sicherer Umgang mit Entflammbarem

Kreativ sein mit Metall

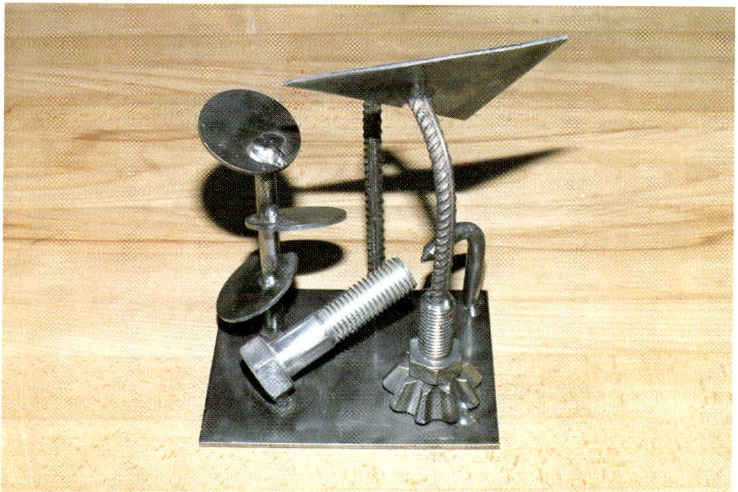

Phantasievoll zusammengeschweißte Metalle

Dekorative Wandlampe

Handwerklich tätig zu sein, ist inzwischen zu einem Freizeitvergnügen geworden, an dem mehr und mehr Menschen Gefallen finden. So bietet auch das Material Metall Gelegenheit zur kreativen Entfaltung, und es macht Spaß, mit Metall zu arbeiten.

Mit ein wenig Phantasie und Geschick kann jeder unter richtiger Anleitung selbst das Schlossern, Schweißen und Löten erlernen. Wie dekorativ und zugleich nützlich eine Metallarbeit sein kann, zeigen diese Bilder.

Der vorliegende Band möchte aufzeigen, welche Möglichkeiten in dem Werkstoff Metall stecken, und er bietet einen knappen Überblick in die dazu notwendigen Fertigkeiten. Hüten Sie sich aber bitte davor, mit Ihrem Wissen einem ausgelernten Schlosser das »Wasser reichen zu wollen«.

Die weiter hinten beschriebenen Arbeitsanleitungen zeigen eine kleine Auswahl an Vorschlägen, die vom »Ungeübten« bis hin zum »Profi«-Heimwerker machbar sind. Vor jeder Arbeitsanleitung wird in einer Skala der jeweilige Schwierigkeitsgrad angegeben.

Geschichte der Metallverarbeitung

Die Geschichte der Metallverarbeitung reicht zurück ins 4. Jahrtausend v. Chr., als erstmals Kupfer für die Erzeugung verschiedener Gebrauchsgüter Verwendung fand.

Etwa 2000 Jahre später, in der Bronzezeit, wurden dem Kupfer verschiedene Metalle beigemischt. Die dadurch entstandene Bronze entwickelte sich zum wichtigsten Rohstoff für die Herstellung von Werkzeugen, Waffen und Schmuck. Die Eisenerze waren zwar längst bekannt, doch die Verarbeitung des Eisens zum »brauchbaren« Stahl war noch nicht erforscht.

Erst sehr viel später, nämlich seit dem 19. Jahrhundert, hat die Bedeutung der Metalle in Handwerk und Industrie sprunghaft zugenommen.
Heute ist Stahl, dessen Hauptbestandteil Eisen ist, das gebräuchlichste, preiswerteste und vielseitigste Metall, das zur Verfügung steht.
Die Arbeitsbeispiele in diesem Buch beschränken sich auf die Werkstoffe: Stahl, Aluminium, Kupfer und Messing.

Stuhl als Kunstobjekt

Handelsformen der Metalle

Metalle gehören wie Stein, Holz, Glas und Kunststoff zu den Grundwerkstoffen des Handwerkens und damit auch des Heimwerkens. Auch Kombinationen aus den verschiedenen Werkstoffen wirken elegant.

Sagt man vom Holz, daß es Wärme ausstrahlt, weil es »lebt«, so ist Metall ein vergleichsweise kalter, technischer Werkstoff. Die Verarbeitungsmöglichkeiten von Metallen sind weitaus vielfältiger, leider aber auch aufwendiger als die des Holzes.

Schon lange finden Metalle nicht mehr nur dort Anwendung, wo sie bestimmte praktische Zwecke erfüllen müssen, wie bei Stahlbrücken, Fahrzeugen, Waffen, sondern auch in den Bereichen Möbel, Dekoration und Schmuck.
Metall ist ein Sammelbegriff für diejenigen chemischen Elemente, die schwerer als Wasser sind, metallisch glänzen und Strom sowie Wärme leiten.

In der Natur treten sie, mit Ausnahme der edlen Metalle wie Silber, Gold und Platin, nicht in reiner Form auf. Man findet sie verbunden mit anderen Elementen in Form von Erzen. Die bekanntesten Erze sind die Eisenerze, aus denen Stahl gewonnen, und Bauxit, aus dem Aluminium hergestellt wird. Mit Hilfe bestimmter technischer Verfahren (Zerkleinern, Schmelzen, Elektrolyse etc.) können die reinen Metalle gewonnen werden.

Den geschmolzenen reinen Metallen werden schließlich gezielt Substanzen beigemischt, wodurch die Legierungen mit den gewünschten Eigenschaften entstehen.

Metalle weisen eine Reihe einmaliger **Eigenschaften** auf; diese sind von Metall zu Metall unterschiedlich stark ausgeprägt:

- Gewicht
- Härte
- Festigkeit
- Verformbarkeit
- Stromleitfähigkeit
- Wärmeleitfähigkeit
- Metallischer Glanz

Das am häufigsten verwendete Metall ist der Stahl, der – wie erwähnt, aus Eisenerz gewonnen wird. Im folgenden unterscheiden wir also die Metalle, deren Hauptbestandteil Eisen ist, und die Nichteisenmetalle.
Im Handel werden die Metallegierungen in verschiedenen Formen angeboten. Damit stehen der Industrie und dem Handwerk der weiterverarbeitete Rohstoff »Metall« in den unterschiedlichsten Handelsformen zur Verfügung.

Bleche
Bei Blechen handelt es sich um flächige Baustoffe, die von 0,1 mm bis 100 mm stark sein können. Zugunsten einer leichteren Formbarkeit sollte der Heimwerker das Blech nicht dicker wählen als notwendig. Der Handel bietet Bleche in glatter, geriffelter und gelochter Form an. Bleche können zu Verkleidungen, Abdeckungen, als Behälter und für vieles mehr verwendet werden.

Profilstäbe
Profilstäbe sind stabförmige Materialen, die runde oder rechteckige, geschlossene Querschnitte haben. Dazu gehören Flach- und Rundstäbe, aber auch I-, U-, T-Profile oder andere Spezialprofile, aus denen z.B. Bauträger hergestellt werden.

Hohlprofile
Hohlprofile sind Rundrohr- und Rechteckrohre mit offenen Querschnitten und unterschiedlichsten Ausmaßen.

Bleche

Profile

Flachmaterial

Rohre

Stahl – das gebräuchlichste Metall

Wenn wir von Eisen sprechen, meinen wir in der Regel Stahl, denn reines Eisen ist ein nahezu unbrauchbares, weiches Metall. Erst durch den richtigen Anteil an Kohlenstoff und anderen Legierungselementen entsteht Stahl; ein Produkt, das vielseitige Eigenschaften und Verarbeitungsmöglichkeiten bietet. Viele Millionen Tonnen Stahl werden jährlich produziert und zu allen möglichen Erzeugnissen verarbeitet, vom Nagel bis zur Eisenbahnschiene.

Stahl ist, wie gesagt, eine Legierung aus **Eisen** und **Kohlenstoff**. Ausschlaggebend für die Qualität des Stahls ist jedoch nicht alleine der Anteil des Kohlenstoffes, sondern dieser muß als Eisenkarbid chemisch gebunden sein.

Ist der Anteil des Kohlenstoffs größer als 2%, eignet sich der Werkstoff zum Gießen; ist er geringer als 1,7%, hat man ein sehr viel härteres Material, das als Stahl bezeichnet wird. Dieses kann durch Schmieden, Schweißen und Feilen, Sägen und Bohren usw. bearbeitet werden.

Durch entsprechende Behandlung der Stahlschmelze und Oberfläche lassen sich Eigenschaften wie Härte, Festigkeit, Formbarkeit und Korrosionsbeständigkeit maßgeblich beeinflussen.

Stahl ist preiswert, da sein Rohstoff - in erster Linie Eisenerze - in der Natur beinahe unbegrenzt vorkommt. Im Handel wird er in Form von Blechen, Stangenmaterial und Rohren angeboten. So stehen Ihnen für Ihre Arbeiten Halberzeugnisse mit den unterschiedlichsten Querschnitten zur Verfügung.

Herstellung

Es beginnt mit der Gewinnung des Roheisens. Die wichtigsten Erze sind:

- Magneteisenstein (60–70% Eisengehalt) Fe_3O_4
- Roteisenstein (30–50% Eisengehalt) Fe_2O_3
- Brauneisenstein (20–50% Eisengehalt) Fe_2O_3
- Spateisenstein (30–40% Eisengehalt) $FeCO_3$

Deutschland verfügt nur über sehr wenige Erzvorkommen; der größte Anteil wird importiert.

Die Erze werden unter und über Tage gewonnen und vor der Verhüttung aufbereitet. Dazu gehört das Rösten der Erze, wodurch ein großer Teil der Feuchtigkeit ausgetrieben wird.
Die Erze werden in einem Hochofen in Roheisen umgewandelt. Dabei werden die Erze zusammen mit Koks und Kalk eingebracht und Sauerstoff zugeführt. Im unteren Teil des Ofens sammelt sich schließlich das flüssige Roheisen; dieses wird in regelmäßigen Abständen abgestochen.

Das Roheisen wird nun in Stahl umgewandelt, indem Nebenbestandteile wie Silizium, Mangan, Phosphor und vor allem Kohlenstoff entfernt bzw. ihre Anteile vermindert werden. Diesen Prozeß bezeichnet man als Frischen; dabei wird Sauerstoff zugeführt. Schließlich erhält man den Stahl, der nach DIN wie folgt definiert ist: Stahl ist das ohne Nachbehandlung schmiedbare Eisen mit einem Kohlenstoffanteil unter 1,7%.

Der so gewonnene Stahl wird schließlich entweder durch den Blockguß oder den Strangguß »in Form« gebracht.
Das wichtigste Verfahren ist der Blockguß, dem das Walzen folgt. Der flüssige Stahl wird zunächst zu einem großen Block gegossen und

daraufhin verschiedenen Wärmebehandlungen unterzogen. Im rotglühenden Zustand durchläuft er mehrere Walzenstationen.

Bei jedem Durchlauf wird das Gefüge des Stahls gestreckt. Dadurch werden die verschiedenen Stärken und Querschnitte erreicht. Die Palette ist reichhaltig, sie reicht von massiven Stahlträgern über Bleche bis hin zu Folien.

Stahlsorten

Die Schwerindustrie stellt die unterschiedlichsten Stahlsorten her. Der Fachmann unterscheidet je nach Verwendungszweck zwischen:

- einfachem Baustahl
- niedriglegiertem Stahl
- hochlegiertem Stahl

Edel- und Werkzeugstähle haben hervorragende Eigenschaften bezüglich Härte, Festigkeit- und Korrosionsbeständigkeit. Sie werden vor allem durch die Elemente Chrom, Nickel und Vanadium veredelt.

Baustähle (z.B. mit der Abkürzung »ST 37«) sind beinahe für alle Arbeiten geeignet. Aufgrund der guten Eigenschaften bietet sich Stahl für viele Arbeiten im Heimwerkerbereich an.

Walzen des Stahls

Aufgerolltes Stahlblech

Nichteisenmetalle

Metalle, in denen Eisen nicht enthalten ist, heißen Nichteisenmetalle. Für bestimmte Zwecke eignen sie sich besser als Stahl.

Eine verzinkte Dachrinne etwa rostet nicht, eine Leiter aus Aluminium ist sehr leicht und trotzdem stabil, ein Kupferrohr, das als Heizschlange dient, gibt sehr gut Wärme ab, und Beschläge aus Messing sind eine schöne Verzierung für Wohnungstüren.

All diese Metalle werden in zwei Kategorien eingeteilt:

- Leichtmetalle
- Schwermetalle

Die Grenze zwischen Leicht- und Schwermetallen liegt bei 5 kg/dm^3. Alle Metalle, die fünfmal so schwer sind wie Wasser, bezeichnet man als Schwermetalle wie Chrom, Kupfer, Stahl, Blei, all diejenigen mit weniger Gewicht sind Leichtmetalle wie Aluminium, Magnesium und Titan. Ebenso wie bei Stahl werden die Metalle hauptsächlich in legierter Form, also in Verbindung mit anderen Bestandteilen verwendet. In ihrer reinen Form sind auch die meisten Nichteisenmetalle selten zur Verwendung geeignet.

Aluminium

Dieses Material ist etwa dreimal so leicht wie Eisen. Es wird deswegen auch vorwiegend dort eingesetzt, wo es auf Gewichtsersparnis ankommt, z.B. im Flugzeug- und Fahrzeugbau. In diesen Bereichen wird Aluminium heute jedoch nach und nach auch durch immer hochwertigere Kunststoffe verdrängt.

Aluminium gilt als Leichtmetall »par excellence«, sein Schmelzpunkt liegt bei 660 Grad, und es hat eine silberglänzende Oberfläche.

Aluminium hat die vorteilhafte Eigenschaft, nicht zu rosten. Es ist an der Luft beständig, seine Oberfläche wird jedoch schon nach kurzer Zeit unansehnlich. Vorsicht ist dort geboten, wo Sie Aluminium direkt mit einem edleren Metall in Verbindung bringen. Wenn Sie Aluminiumbleche mit Stahl- oder Kupfernieten verbinden, oxidiert das Aluminium aufgrund der elektrochemischen Spannungsreihe.

Ebenso wie Eisen ist auch Aluminium eines der in der Natur am häufigsten vorkommenden Metalle. Die Gewinnung des Aluminiums bereitete früher große Schwierig-

Buntmetallgitter

Kupfer-, Messingbleche

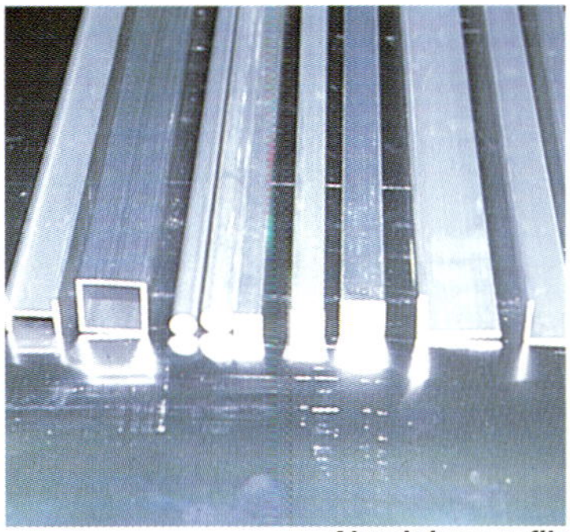

Aluminiumprofile

keiten, weil man noch keine geeigneten Verfahren kannte, es aus seinen chemischen Verbindungen zu lösen. Heute hingegen ist es möglich, Aluminium preiswert herzustellen, indem Aluminiumoxid ein bestimmtes Mineral beigesetzt und die Mischung zum Schmelzen gebracht wird.

Durch die Schmelze wird elektrischer Strom durchgeschickt, woraufhin sich reines Aluminuim in Form von kleinen Kügelchen bildet.

Der Werkstoff Aluminium wird in verschiedenen Handelsformen angeboten: Bleche und Stangen in den verschiedensten Profilen.

Profile können mit Hilfe eines bestimmten Verfahrens (Strangpressen) in jeder beliebigen Form hergestellt werden, indem ein glühend zäher Alublock durch eine Matrize gepreßt wird. Die Profile eignen sich unter anderem zum Bau von Fensterrahmen, Türen und Gerüsten.

Die Bearbeitung von Aluminium ist wegen seiner Weichheit unproblematisch. Allerdings erfordert es je nach Verarbeitung ein spezielles Werkzeug und Schweißgerät.

Zink

Zink und verzinkte Bleche werden vor allem dort eingesezt, wo mit starken Witterungseinflüssen zu rechnen ist (z. B. Dachrinnen). Verzinkte Stahlkonstruktionen profitieren von der Wirkung des Korrosionsschutzes. Selbst wenn die verzinkte Oberfläche beschädigt wird, ist der Rostschutz noch gewährleistet.
Dagegen würde eine verchromte Oberfläche mit Kratzern viel schneller rosten und Blasen werfen.

Zinn

Zinn ist ein silbrig helles Metall mit einem niedrigen Schmelzpunkt. Es ist dehnbar und weich, außerdem widerstandsfähig gegen viele Säuren. Eingesetzt wird verzinntes Blech (Weißblech) zur Aufbewahrung von Nahrungsmitteln. Aus reinem Zinn werden dekorative Dinge wie Krüge oder Zinnsoldaten hergestellt.

Kupfer

Kupfer ist ein Edelmetall und hat eine leuchtend rote Farbe. Aufgrund seiner guten Formbarkeit eignet es sich als Werkstoff für Nieten und Dachabdeckungen.
Weiterhin weist Kupfer hervorragende Eigenschaften bezüglich der Leitfähigkeit von Wärme und elektrischem Strom auf. Aus Kupfer werden daher in der Regel Stromkabel und Rohre angefertigt.

Messing

Messing ist eine Mischung aus Kupfer und Zink. Bisweilen taucht auch die Bezeichnung »falsches Gold« auf. Es dient vor allem zu dekorativen Zwecken, beispielsweise für Knöpfe, Schlüssel und Schilder.

Außerdem besitzt Messing eine sehr hohe Verschleißfestigkeit. Aus diesem Grund wird es auch als Werkstoff für Führungen und Gleitlager benutzt.

Blei

Einer der schwersten Werkstoffe in der Palette der Metalle ist das Blei. Es hat eine graue Farbe mit einem Schimmer ins Bläuliche, sein Schmelzpunkt ist sehr niedrig.

Bronze

Bronze ist eine Legierung aus Kupfer und Zinn. Es eignet sich hervorragend zum Gießen. Aus diesem Werkstoff werden von den Heimwerkern gerne Skulpturen, Glocken und Medaillen hergestellt.

Wichtiges Zubehör

Verbindungselemente

Wollen Sie Metalle miteinander verbinden, können Sie Schrauben, Muttern, Nieten, Dübel und Nägel verwenden. Wenn eine Verbindung wieder lösbar sein soll, benutzen Sie am zweckmäßigsten **Verschraubungen**.

Gewöhnliche Metallschrauben und Muttern sind in verschiedenen genormten Größen erhältlich. Daneben gibt es auch Blechschrauben und selbstschneidende Schrauben.

Eine andere Art der Verbindung ist das **Nieten**. Es gibt Kupfer- und Stahlnieten mit Kugel- und Senkkopf. Blindnieten sind zweckmäßig, wenn Sie das Werkstück nur von einer Seite bearbeiten können.

Eine Verbindung mit Nieten ist meist einfach und schnell auszuführen, oft auch sehr dekorativ.

Wollen Sie Metalle dauerhaft und unlösbar miteinander verbinden, müssen Sie sie verschweißen oder zusammenlöten. Für eine solche Verbindung brauchen Sie dann **Schweiß-** und **Lötzusätze** wie Schweißstäbe, Elektroden, Silber- bzw. Messinglot oder Lötzinn.

Die Verwendung von **Metallklebern** als Verbindungsart ist nur in Ausnahmefällen zu empfehlen.

Zubehörteile

Manchmal hat man nicht die Möglichkeit, Einzelteile selbst herzustellen. Oft ist es auch viel zu teuer, diese selbst anzufertigen. Für sehr viele Werkstücke ist es daher einfacher, bestimmte Teile bereits fertig zu kaufen.
So können Sie im Fachgeschäft recht preisgünstige Scharniere und Schlösser in vielen Größen und Arten kaufen. Auch einen Rost aus Edelstahl für einen Grill oder eine Fassung für Ihren Lampenschirm finden Sie dort.

Überlegen Sie sich genau, welche Dinge Sie fertig kaufen oder welche Sie anfertigen wollen. Das kann Ihnen oft unnötige Mühe und Zeit ersparen.

Für eine Schmiedearbeit können Sie jederzeit fertige Teile wie Rosetten, Schnecken, Zirbel oder gedrehte Stäbe erwerben, die sich dann zu einer Gartentür, einem Fenstergitter oder zu ähnlichen Schmiedeeisen-Werkstücken zusammenschweißen lassen.
Sie bekommen diese Zubehörteile oft auch in Baumärkten, auf jeden Fall aber in Fachgeschäften oder Schlossereien.

Rostschutzmittel

Der dauerhafteste Rostschutz für Stahl ist das Verzinken. Das Feuerverzinken ist speziell geeignet für Werkstücke, die der Witterung ausgesetzt sind. Diese Arbeiten können in Verzinkereien ausgeführt werden.

Eine der herkömmlichsten Methoden ist die, das Werkstück mit Zinkstaubfarbe oder Rostschutzgrundierung zu streichen und danach zu lackieren.

Wenn Sie wollen, daß der glänzend metallische Charakter der Arbeit erhalten bleiben soll, benutzen Sie farblosen Lack.

Dieser Schutz ist allerdings nur dann zu empfehlen, wenn das Stück im Trockenen steht und kaum berührt wird.

Eine andere Möglichkeit, einen dauerhaften Rostschutz zu erreichen, besteht darin, das Objekt einzuölen. Bei Schmiedearbeiten ist das Schwarzbrennen noch eine bewährte Methode.

Schrauben

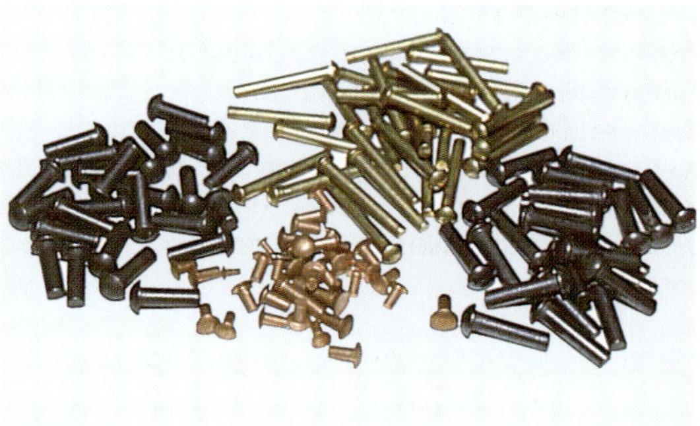

Nieten

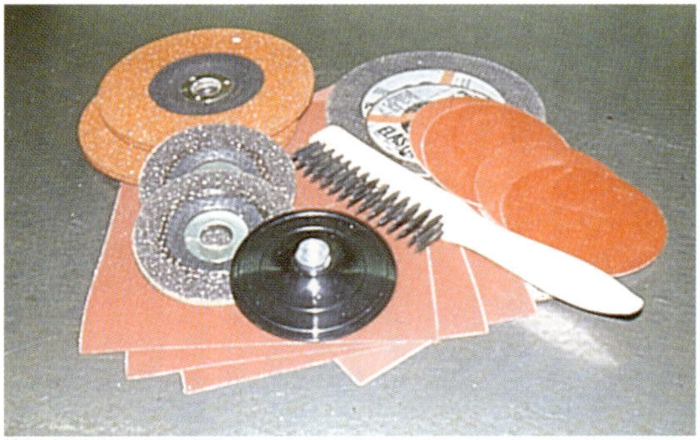

Schleifmittel

Reinigungsmittel

Rostschutzmittel

Lacke

Die wichtigsten Werkzeuge

Auf diesen beiden Seiten finden Sie Kurzbeschreibungen der wesentlichen Werkzeuge, die Sie zum Schweißen, Schlossern und Löten benötigen. Welche Werkzeuge Sie für einzelne Arbeitsgänge und -anleitungen brauchen, ersehen Sie aus den Abbildungen unter der Rubrik »Werkzeug«, die Sie bei allen Arbeitsanleitungen finden.

Werkzeuge zum Treiben, Körnen, Biegen, Trennen

1

2

3

4

5
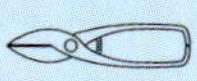

6
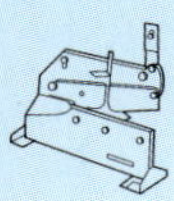

1 **Hammer:** Er gehört zur Grundausstattung eines jeden Heimwerkers. Mit ihm können Sie Materialien ankörnen, ausrichten, treiben und biegen. Es gibt ihn in verschiedenen Gewichten und Kopfformen.

2 **Meißel:** Einen Meißel brauchen Sie, um Metalle an schlecht zugänglichen Stellen zu bearbeiten, z. B. um Durchbrüche herzustellen.

3 **Körner:** Sie dienen zum Kennzeichnen von Bohrstellen.

4 **Durchschlagdorn:** Mit dem Durchschlagdorn können Sie Nieten und Stifte wieder herausschlagen.

5 **Handblechschere:** Mit guten Blechscheren können Bleche bis zu 1 mm Dicke problemlos getrennt werden.

6 **Hebelschere:** Damit können Sie auch bei dickeren Blechen lange, saubere Schnitte machen. Eine Hebelschere finden Sie in jeder größeren Hobby-Schlosserwerkstatt.

Werkzeuge zum Greifen

7

7 **Nietwerkzeug:** Zum Nieten benötigen Sie außer einem Hammer einen Nietenzieher und einen Kopfmacher, damit Sie einen runden Nietkopf erhalten.

8
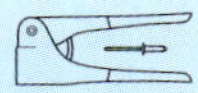

9

10

11
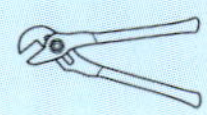

8 **Blindnietzange:** Dünne Bleche lassen sich ganz einfach und leicht durch Blindnieten verbinden.

9 **Gabelschlüssel:** Mit ihm lassen sich Sechskantschrauben und Muttern befestigen und lösen.

10 **Schraubenzieher:** Die wichtigsten Profilformen sind Schlitz, Kreuzschlitz und Pozidriv für die sog. Spaxschrauben.

11 **Wasserpumpenzange:** Diese Zange hat einen großen Einsatzbereich. Mit ihr können Sie eine Vielzahl von Formen und Gegenständen festhalten.

Werkzeuge zum Bohren

12
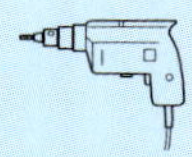

13
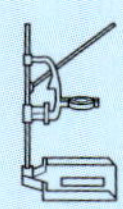

14

15
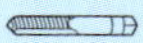

16

12 **Elektrische Bohrmaschine:** Mit ihr können Sie Bohrungen bis zu einem Durchmesser von 13 mm setzen. Mit einer kombinierten Schlagbohrmaschine ist es auch möglich, Löcher ins Mauerwerk zu bohren.

13 **Tischbohrmaschine:** Mit der Tischbohrmaschine, aber auch mit einem Bohrständer, lassen sich Bohrungen sehr präzise und ohne Kraftaufwand durchführen.

14 **Metallbohrer:** In der Regel verwenden Sie HSS-Spiralbohrer, um Bohrungen in Metall zu setzen.

15 **Gewindeschneider:** Gewindebohrer verwenden Sie, um Innengewinde herzustellen, Schneideisen für Außengewinde.

16 **Steinbohrer:** Mit speziell geformter Spitze zum Bohren von Dübellöchern in Beton und Mauerwerk.

Werkzeuge zum Feilen, Sägen und Schleifen

17
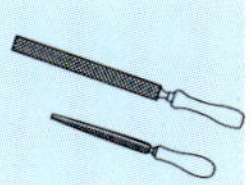

17 **Feilen:** Mit Feilen glättet man Werkstücke. Grobe Feilen verwenden Sie zum Schruppen, feine zum Schlichten. Legen Sie sich ein Feilensortiment mit unterschiedlichen Feilenformen und Größen zu.

18 

19 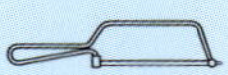

20 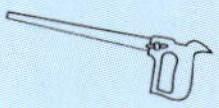

21 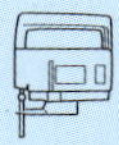

22 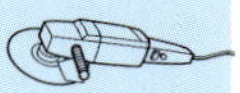

23 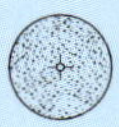

24 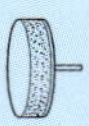

25 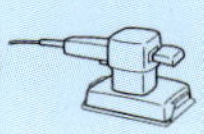

18 **Feilenbürste:** Mit ihr reinigen Sie die Feilen von Spänen.

19 **Bügelsäge:** Um Metall zu sägen, benötigen Sie ein Sägeblatt mit feiner Zahnteilung. Dieses spannen Sie in die Bügelsäge so ein, daß die Sägezähne in Stoßrichtung zeigen.

20 **Einstreichsäge:** Damit können Sie an schlecht zugänglichen Stellen sägen.

21 **Stichsäge:** Verschiedene Formen aus dünnen Blechen lassen sich am besten mit der Stichsäge ausschneiden.

22 **Winkelschleifmaschine:** Diese Maschine dient zum Trenn- und Planschleifen, zum Verschleifen von Schweißnähten und zum Glätten des Werkstücks.

23 **Schleifscheiben:** Sie werden an der Schleifmaschine angebracht. Es gibt sie in verschiedenen Körnungen. Man unterscheidet zwischen Trenn- und Schruppscheiben.

24 **Polierscheiben:** Sie können Polierscheiben (auch Schwabbelscheiben genannt) in die Schleifmaschine und auch in die Bohrmaschine einspannen.

25 **Schwingschleifer:** Mit ihm lassen sich große Flächen mühelos glätten.

Spannmittel

26 

27 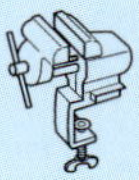

28 

29 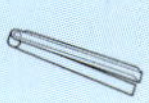

26 **Werkbank:** Eine Werkbank mit einer massiven Holzplatte und verschiedenen Schubläden ist beim Arbeiten eine große Hilfe. In den Schubladen findet sich Platz für das Handwerkszeug und die empfindlichen Prüfgeräte.

27 **Schraubstock:** Ein massiver Schraubstock ist eine optimale Spann- und Befestigungsmöglichkeit für die Arbeitsstücke. Sie sollten bei dieser Anschaffung nicht sparen.

28 **Schraubzwingen:** Mit ihnen können Sie Ihre Arbeiten fixieren. Für Schlosserarbeiten sind Ganzstahlzwingen am besten geeignet.

29 **Spannwinkel:** Er verhindert bei der Bearbeitung von Blechen, daß diese zu vibrieren beginnen.

30 

30 **Tischamboß:** Ein Tischamboß ist die richtige Unterlage für die verschiedensten Arbeiten mit dem Hammer.

Löt- und Schweißwerkzeuge

31 

32 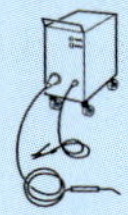

33 

34 

35 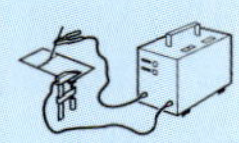

36 

31 **Schlackenhammer:** Damit entfernen Sie die beim Elektroschweißen entstehende Schlacke von der Schweißnaht.

32 **Schutzgasschweißgerät:** Dieses Gerät eigent sich vor allem zum Schweißen von dünnwandigen Materialien (z.B. Blechen und Rohren). Auch ein Anfänger kann es rasch bedienen.

33 **Lötbrenner:** Sie können für Hartlötungen eingesetzt werden.

34 **Lötkolben:** Zum Weichlöten benutzen Sie einen Lötkolben. Es gibt sie in verschiedenen Größen, wobei sich die Größe nach der Materialstärke der zu verlötenden Teile richtet.

35 **Elektroschweißgerät:** Das Lichtbogenhandschweißen ist gut geeignet, um dickere Baustähle zu verbinden. Damit Sie gute Schweißergebnisse erzielen, ist ein Schweißtrafo notwendig, an dem die Stromstärke regulierbar ist. Im Handel gibt es tragbare Geräte günstig zu erwerben.

36 **Schweißschild:** Beim Schweißen müssen Sie Ihre Augen vor der intensiven UV-Strahlung schützen.

Vom Entwurf zum fertigen Stück

Am Anfang steht die Idee, das Ziel ist ihre Umsetzung. Vorab sind jedoch einige Überlegungen nötig:

- Wie soll das fertige Werk aussehen?
- Welche Funktion wird es haben?
- Wie läßt es sich am zweckmäßigsten herstellen?
- Welche Werkzeuge werden benötigt?
- In welcher Reihenfolge ist vorzugehen?
- Woher läßt sich das Material beschaffen?

Räumen Sie schon im Vorfeld möglichst alle Schwierigkeiten aus dem Weg. Alles beginnt bei der Planung auf dem Papier.

Skizze

Machen Sie sich zunächst einige Skizzen und entwickeln Sie nach Ihrem Geschmack eigene Formen. Aus diesen Grobentwürfen, den sogenannten »Freihandskizzen«, soll schon die physikalische Funktion ersichtlich sein.

Jeder Konstrukteur beginnt damit, verschiedene Varianten des geplanten Stückes mit dem Bleistift zu skizzieren. Dabei schließt er auch zunächst abwegig erscheinende Lösungen in seine Überlegungen ein, denn oft ergibt sich daraus eine geniale Neuheit. Keinesfalls sollten Sie sich in der Entwurfsphase um Details kümmern. Zuerst gilt es, sich für eine Gesamtlösung zu entscheiden, dann um die Realisierung der Einzelheiten.

Zeichnung

Hat man sich schließlich für »die« Lösung entschieden, heißt es, die Gesamtzeichnung und Einzelteilzeichnungen in einem geeigneten Maßstab aufzuzeichnen. Diese Zeichnung ist dann Grundlage für die weiteren Arbeitsschritte. Sie sollten darin bereits alle Längen und Winkel maßgenau festlegen, um sie später auf das Metall übertragen zu können.

Der Konstrukteur fertigt seine Zeichnung mit Tusche am Reißbrett oder mit der Tastatur am CAD-Gerät an. Für den Heimwerker sind ein großes Blatt Papier und zwei unterschiedlich starke Bleistifte ausreichend. Mit dem weichen Bleistift zeichnen Sie die Außenkonturen und Symmetrielinien auf; einen harten verwenden Sie für Schraffierungen und Bemaßungen.

Bemaßung

Für die Bemaßung gilt grundsätzlich: Nicht zu viele Maße angeben, aber auch keine Maße vergessen. Sie sollten die Bemaßung sinnvoll anbringen, also möglichst immer von ein und derselben Bezugslinie ausgehen.

Profitip

Im Schlosserhandwerk werden Maße prinzipiell in Millimetern angegeben. Die Maßreihenfolge für die Größe eines Bauteils lautet immer: Breite x Höhe x Tiefe.

Ein wichtiger Aspekt beim Zeichnen der Einzelteile ist auch ihre richtige Dimensionierung. Das bedeutet die richtige Materialart, -form und -stärke. Schauen Sie dabei ruhig in ein Formel- oder Tabellenbuch. Allgemein gilt: Lieber stärker dimensionieren, um auf der sicheren Seite zu sein.

Zuletzt legt man in einer Stückliste fest, welche genauen Mengen, Materialien und Zukaufteile benötigt werden. Und schon beginnt die Arbeit bis hin zum fertigen Stück. Die nebenstehende Abbildung zeigt das Gesellenstück des Autors.

Messen, anreißen, körnen

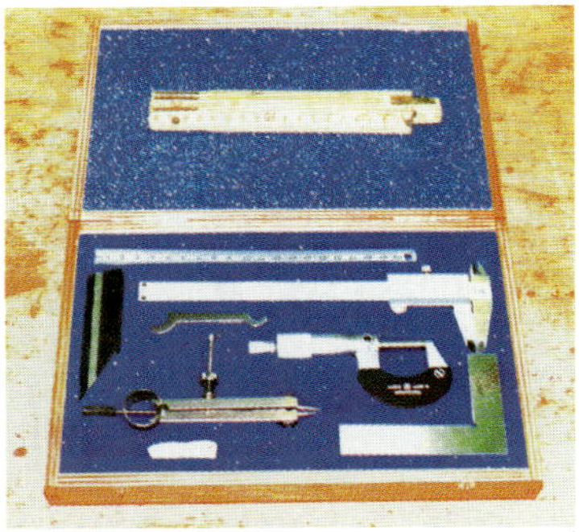

1

2

3

Messen
Beim Messen – oder genauer gesagt beim Prüfen – werden Längen, Winkel, Radien oder Toleranzen ermittelt.

Es sind immer geeignete und intakte Prüfmittel zu verwenden. Prüfmittel sind teuer; sie sollten daher pfleglich behandelt und gesondert aufbewahrt werden. Meßwerkzeuge sind stets vor Feuchtigkeit, Hitze und Schmutz zu schützen. Sie sollten immer zweckgerecht eingesetzt werden.

1 Je exakter die Messung erfolgen soll, desto aufwendiger ist im allgemeinen das Prüfgerät.

2 Wichtigstes Längenmeßgerät ist für die meisten Schlosserarbeiten der **Meterstab**.

3 Für genauere Messungen, etwa um die richtige Bohr- oder Materialstärke festzustellen, sollten Sie einen **Meßschieber** verwenden, mit dem auch Bruchteile von Millimetern genau gemessen werden können. Dazu bringen Sie die Millimeterskala mit einer Noniusskala in Verbindung. Die Abbildung zeigt ein Maß von 6,4 mm. Zum Überprüfen verschiedener Winkel gibt es **Rechteck-** und **Universalwinkelmesser.**

Weitere wichtige Prüfwerkzeuge für die Arbeiten mit Metall sind die **Wasserwaage** und das **Senklot.** Diese dienen vor allem bei Montagearbeiten zur Ermittlung der horizontalen und vertikalen Lage.

Anreißen
Das Anreißen ist ein vorbereitendes Arbeitsverfahren. Es erfordert viel Sorgfalt und Genauigkeit. Anreißen bedeutet: Die Maße von der Zeichnung auf das Werkstück zu übertragen. Orientieren Sie sich immer an einer Bezugskante. Wenn schon beim Anreißen Fehler gemacht werden, ziehen sich diese wie ein roter Faden durch den gesamten Arbeitsablauf.
Die wichtigsten Anreißwerkzeuge sind Reißnadel, Stahllineal und Zirkel; die Spitze der Reißnadel muß spitz in einem Winkel von 120 Grad geschliffen sein.

Die **Reißnadel** sollten Sie leicht schräg gegen die Unterkante des Lineals gerichtet halten und dann mit leichtem Druck entlang der gewünschten Rißlinie ziehen. Dabei entstehen als Markierung leichte Kerben im Werkstück. Den

Mittelpunkt des Werkstücks können Sie feststellen, indem Sie zweimal von Ecke zu Ecke eine Diagonale ziehen. Im Kreuzungspunkt der Linien liegt die Mitte.

Profitip
Je genauer Maße und Formen auf das Werkstück übertragen werden, desto besser ist die Vorbereitung auf die weitere Fertigung.

4 Beim Anreißen eines Kreises mit dem **Spitzzirkel** erleichtern Sie sich die Arbeit, indem Sie zuvor den Kreismittelpunkt leicht ankörnen. Halten Sie dazu den Zirkel etwas gegen die Kreisrichtung geneigt.

Markierungen auf Aluminiumblechen sind mit Bleistift oder einem feinen Filzstift vorzunehmen, weil die Kerben beim Anreißen gerade bei dünnen Blechen eine Materialschwächung darstellen und optisch stören.

Körnen
Das Körnen ist notwendig, damit beim Bohren die Bohrspitze nicht »verläuft«. Durch die Körnung wird der Bohrer beim Ansetzen zentriert; das Loch kommt damit genau an die gewünschte Stelle. Sie brauchen zu diesem Zweck einen Körner, der immer eine kegelige, gehärtete 90°-Spitze haben muß, damit er einen deutlichen Abdruck auf dem Werkstück hinterläßt. Die Werkstücke sollten zum Körnen immer auf eine glatte, harte Unterlage gelegt werden.

5 Bohrstellen werden durch zwei sich kreuzende Rißlinien gekennzeichnet. Zum genauen Ankörnen wird zuerst der Körner in schräger Haltung, vom Körper weggeneigt, am markierten Kreuzungspunkt so angesetzt, daß man die Ansatzstelle genau sehen kann.

6 Der Körner wird nun aufgerichtet, die Spitze bleibt unverändert am Werkstück. Nach einem leichten Probeschlag wird die Richtigkeit des Körneransatzes überprüft.

Möglicherweise ist eine Korrektur notwendig. Ist diese ausgeführt, wird mit einem zweiten gezielten Hammerschlag der Körner in die Werkstoffoberfläche getrieben.
Am besten arbeiten Sie beim Ankörnen stets mit einem leichten Hammer!

4

5

6

Bohren und Gewinde schneiden

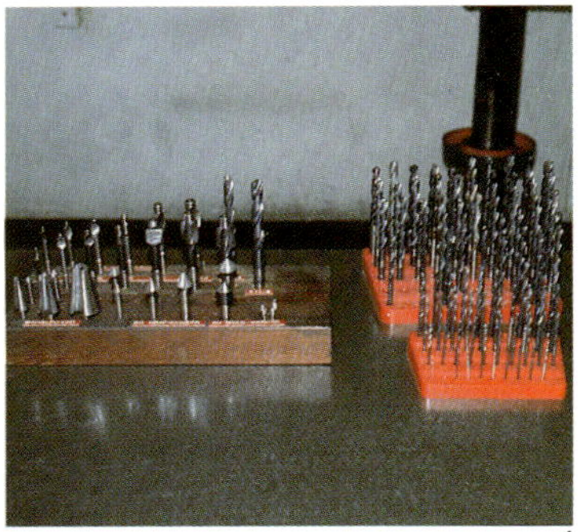

1

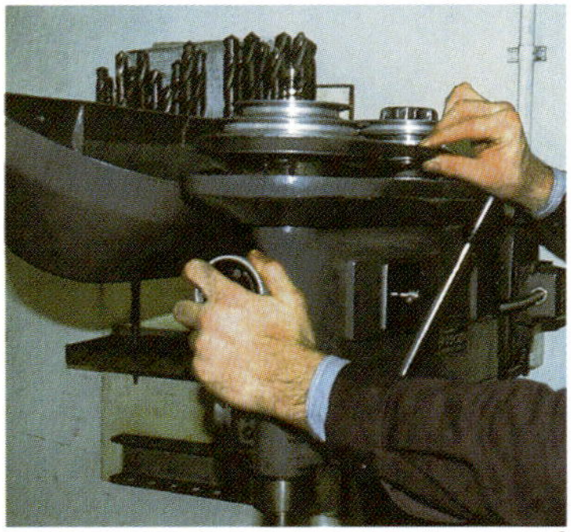

2

3

Bohren

Für Reparatur- und Montagearbeiten verwenden Sie am besten die Handbohrmaschine. Für größere und genauere Bohrungen empfiehlt sich die Tischbohrmaschine.

1 Zum Bohren von Metallen werden in der Regel **Spiralbohrer** in besonderer Qualität benötigt. Bei allen gängigen Bohrmaschinen können Sie Bohreinsätze bis zu einem Durchmesser von 13 mm einspannen.
Achten Sie dabei darauf, daß der Bohrer bis zum Anschlag im Bohrfutter steckt und genau mittig zwischen den drei Backen fest eingespannt ist.

Profitip

Verwenden Sie richtig geschliffene Bohrer und stellen Sie die geeignete Drehzahl ein.

2 Die Wahl der **Drehzahl** ist von der Schnittgeschwindigkeit und der Größe der Bohrung abhängig. An besseren Maschinen ist oft eine Tafel angebracht, aus der Sie die genaue Drehzahl ablesen können. Grundsätzlich gilt: kleiner Bohrer – hohe Drehzahl, großer Bohrer – niedrige Drehzahl.

3 Werkstücke müssen immer sorgfältig eingespannt werden. Bei Bohrungen über 10 mm Durchmesser sollten Sie den **Maschinenschraubstock** am Bohrtisch gut befestigen, damit auf keinen Fall das Werkstück mitgerissen werden kann.

Besondere Vorsicht gilt beim Bohren von dünnen Blechen. Bleche müssen immer mit Zwingen festgespannt werden.

Beim Bohren kleinerer Löcher halten Sie mit der einen Hand den Schraubstock, mit der anderen drücken Sie gefühlvoll den Vorschubhebel nach unten.

Sicherheitstip

Das Werkstück ist immer ordentlich zu fixieren, also nicht mit bloßen Händen zu halten. Tragen Sie enganliegende Kleidung und verzichten Sie auf Schutzhandschuhe.

4 Bohrungen über 8 mm Durchmesser bohren Sie in zwei Arbeitsgängen. Damit Ihr Bohrer nicht so rasch verschleißt, schmieren Sie die Bohrspitze hin und wieder mit Bohr- oder Maschinenöl ein.

Große Löcher in Bleche machen Sie am besten mit einem besonderen Schälbohrer. Dadurch wird vermieden, daß es beim Durchbohren »hakt«.

5 Zum Entgraten, dem Entfernen der vom Bohrer zurückgelassenen scharfen Materialkanten, und zum Versenken der Bohrung benutzen Sie einen Senker. Leichtes Ansenken ist besonders dann wichtig, wenn Gewinde geschnitten werden sollen.

Gewinde schneiden

Um zwei Teile miteinander zu verschrauben, schneiden Sie in ein Teil ein Gewinde und befestigen das andere mit einer Schraube daran.
Innengewinde werden immer in vorgebohrte Kernlöcher geschnitten. Handelsübliche Schrauben sind genormt.

Jedem Gewinde entspricht eine bestimmte Kernlochbohrung. Dabei gilt grundsätzlich folgender Richtwert: Kernlochdurchmesser = Gewinde x 0,85. Beispielsweise sollte für ein metrisches Gewinde in der Größe von »M 10« ein Kernloch von 8,5 mm Durchmesser vorgebohrt werden.

6 Auf der Abbildung ist ein vollständiger Satz an Werkzeugen zum Schneiden von Innen- und Außengewinden zu sehen.

Beim Schneiden von **Innengewinden** setzen Sie den Gewindebohrer senkrecht in die Bohrung und drehen das Windeisen mit beiden Händen gefühlvoll nach rechts.

Nach einigen Umdrehungen überprüfen Sie, ob Werkstück und Gewindebohrer zueinander im rechten Winkel stehen.

Dann setzen Sie das Windeisen auf den Gewindebohrer auf. Der Gewindebohrer wird nun mit einem Tropfen Öl versehen und vorsichtig weitergedreht.
Alle drei Umdrehungen drehen Sie das Windeisen um je eine halbe Umdrehung zurück, damit die entstandenen Späne abbrechen. Das Innengewinde ist fertig, wenn der Gewindebohrer ungefähr 1 cm auf der Unterseite des Werkstücks herausschaut.

Profitip

Wenn Sie den Gewindebohrer wieder herausnehmen, achten Sie darauf, daß er sich ganz leicht herausdrehen läßt.

4

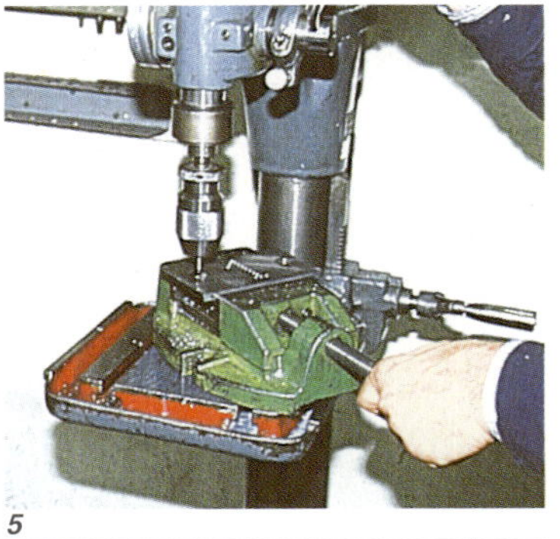

5

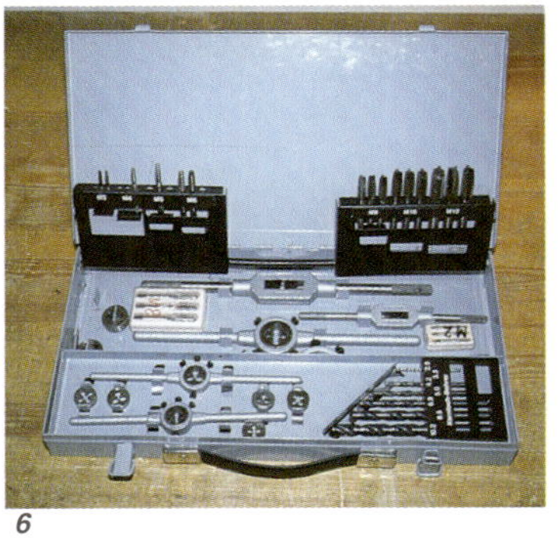

6

Richtig sägen und meißeln

1

2

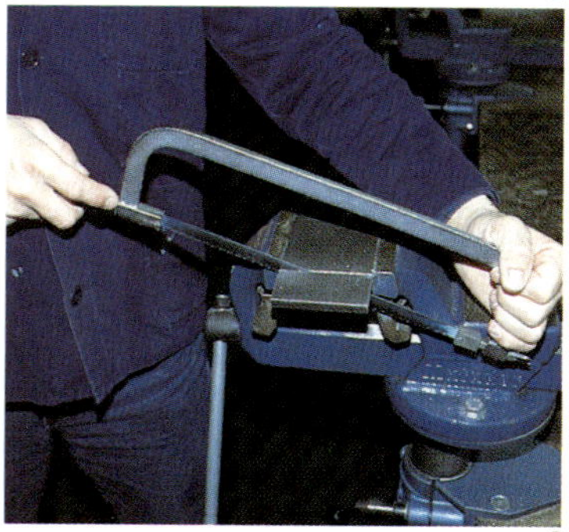

3

Sägen

Das Trennen der Werkstoffe kann von Hand oder maschinell erfolgen. Dünne Bleche werden durch Scheren, starke Materialien durch Sägen getrennt.

Sägen sind spanende Werkzeuge. Durch kontinuierliches Bewegen der Säge bei gleichzeitigem Druck heben die Sägezähne Späne vom Werkstoff ab. Das Sägeblatt besteht aus vielen hintereinanderliegenden meißelartigen Schneiden. Die Form und Größe der Schneiden ist vom Werkstoff abhängig, der zu zerspanen ist. Je härter das Material, desto feiner ist die Zahnteilung. Unter Zahnteilung ist die Zähnezahl pro Länge des Sägeblatts zu verstehen.

1 **Handsägen** gehören in das Sortiment eines jeden Heimwerkers. Beim Einspannen des Sägeblatts ist darauf zu achten, daß die Zähne des Sägeblatts in Stoßrichtung, also nach vorne zeigen. Sie erkennen die richtige Spannung des Sägeblatts, wenn sich bei der »Klangprobe« ein leiser, tiefer Ton ergibt.

2 Das Ansägen erfolgt immer an der hinteren Werkzeugkante. Die Bügelsäge wird dabei leicht geneigt. Sie können sich das Ansägen erleichtern, indem Sie mit einer kleinen Dreikantfeile die Werkstückkante leicht einkerben.

Profitip

Die erste Regel beim Sägen ist, wie auch bei allen anderen Bearbeitungen, das Werkstück möglichst knapp einzuspannen. Dadurch wird ein Federn vermieden und das Durchtrennen des Werkstücks erleichtert.

3 Beim Sägen des Werkstücks umfaßt die linke Hand den Bügel oberhalb des Spannkolbens, die rechte das Heft. Die Bewegung der Säge durch die Arme wird noch durch eine entsprechende Körperbewegung unterstützt.

Sägen Sie möglichst gleichmäßig, dabei müssen Sie beim Vorschieben leicht andrücken, beim Rückhub entlasten. Das Werkstück darf nicht zu hastig durchtrennt werden. Die letzten Hübe deshalb langsam und vorsichtig ausführen.

4 **Sägemaschinen** werden für umfangreichere und genauere Arbeiten eingesetzt. Zum Sägen von Werkstücken mit starken Querschnitten ist eine Sägemaschine unerläßlich. Falls Sie diese nicht haben, sollten Sie größere Sägearbeiten in Schlossereien ausführen lassen. In Hobbywerkstätten steht Ihnen in der Regel ebenfalls eine Bügelsägemaschine bzw. eine Metallkreissäge zur Verfügung.

Eine elektrische **Stichsäge** ist dagegen auch für den Heimschlosser ein sehr sinnvolles Gerät zum Durchtrennen von dünnen Blechen.

Achten Sie darauf, daß beim Arbeiten mit der Stichsäge das Blech nicht zu vibrieren anfängt und daß das Sägeblatt nirgendwo anstoßen kann, weil dies sofort bricht.

Sicherheitstip
Kontrollieren Sie beim Maschinensägen, bevor Sie mit der Sägearbeit beginnen, immer das Sägeblatt.

Meißeln
5 Das Meißeln gehört zu den ältesten Fertigkeiten in der Metallbearbeitung. Der Meißel ist ein einfaches keilförmiges Werkzeug, das mit kräftigen Hammerschlägen in den Werkstoff getrieben wird. Mit ihm kann Metall getrennt, aber auch zerspant werden. Das Meißeln ist heute jedoch mehr und mehr in Vergessenheit geraten, weil andere Werkzeuge wie Sägen, Scheren und Schleifmaschinen wesentlich genauer und schneller arbeiten.

Der Meißel wird heute fast nur noch für die Bearbeitung schwer zugänglicher Stellen benutzt. Für die Herstellung von Durchbrüchen werden zunächst in regelmäßigen Abständen Bohrungen gesetzt, die Zwischenräume werden ausgemeißelt.

Profitip
Schlagen Sie den Hammer immer genau senkrecht auf den Meißel.

6 Beim Ausstemmen eines Durchbruchs halten Sie den Meißel leicht schräg und mit der ganzen Hand gefaßt, damit eine gute Führung gewährleistet ist.

Die Spitze des Meißels soll scharf geschliffen und gehärtet sein, der Meißelkopf darf keinen Grat besitzen. Genausowenig darf natürlich der Hammer beschädigt sein.

4

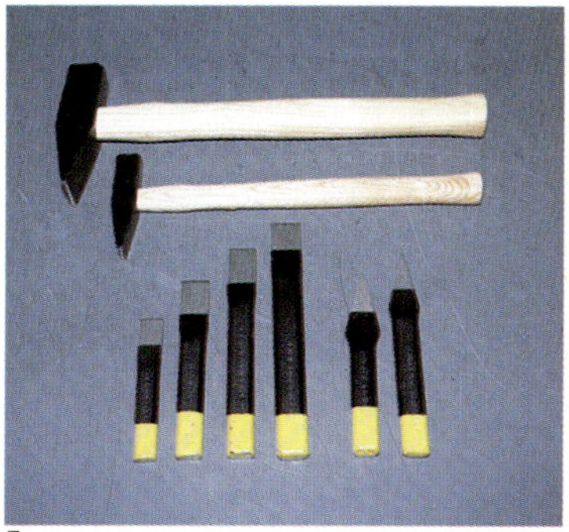
5

6

Feilen und schleifen

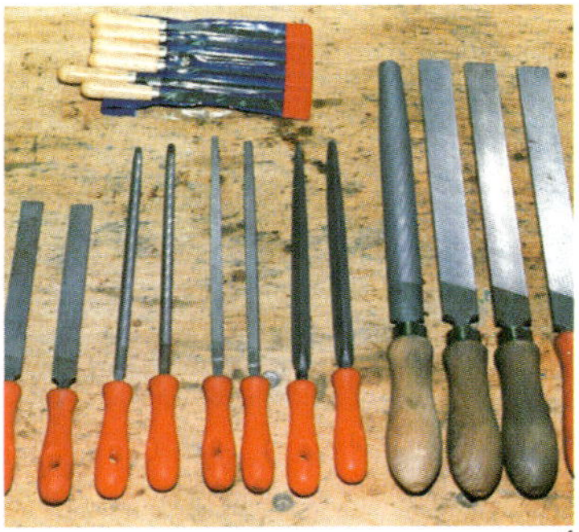
1

2

3

Feilen

Durch Feilen und Schleifen wird Material abgetragen. Diese Arbeitstechniken dienen dem Verputzen von Schweißnähten, Entgraten von Kanten, Nacharbeiten von Sägeschnitten oder zum Glätten von Flächen.

1 Feilen werden nach Größe, Form und Hieb unterschieden. Die Schneiden der Feile bezeichnet man als Hiebe. Die Hiebteilung ist ein Maß für die Feinheit der Feile.

Grundsätzlich sollten Sie zuerst mit einer groben Feile arbeiten und zum Glätten eine feine Feile benutzen. Feilen bestehen aus dem gehärteten Feilenblatt, der Angel und dem Handstück sowie dem Feilenheft. Es gibt Flach-, Vierkant-, Dreikant- und Rundfeilen, je nach Verwendungszweck.

Gute Arbeit setzt saubere Feilen voraus. Mit einer Feilenbürste lassen sich Feilen sachgemäß reinigen. Für besonders feine Flächen trägt man auf das Feilenblatt Kreide auf. Dadurch können die Späne gut abgleiten und die Schlichtfeile kann ganz sanft über das Werkstück geführt werden.
Das Werkstück wird – wie beim Sägen – in den Schraubstock eingespannt, so daß es nicht federt. Druckempfindliche Werkstücke werden durch zusätzliche Schutzbacken geschont.

2 Beim Arbeiten mit großen Feilen unterstützt der ganze Körper die Feilenbewegung. Druck sollten Sie nur bei der Vorwärtsbewegung ausführen, dagegen wird die Feile entlastet zurückgezogen.

Beim »Schruppen« feilen Sie quer zum Werkstück, da so die Späne besser abgeführt und mehr Material abgetragen werden kann.

Eine Fase ist eine Schräge von 45 Grad zwischen zwei Werkstückflächen. Um eine Fase richtig zu feilen, bewegen Sie die geneigte Feile in einem Zug über die ganze Länge der Werkstückkante. Als Entgraten bezeichnet man das Entfernen von scharfen Kanten bei bearbeiteten Metallteilen.

Profitip

Feilen sind immer geradlinig zu führen. Nicht schaukeln! Ein gutes Feilergebnis erkennt man am »Strich« – dem Bild der bearbeiteten Fläche.

Beim Arbeiten mit großen Feilen umfaßt die rechte Hand das Feilenheft, die linke drückt dabei mit dem Handballen auf das Feilenende.

3 Kleinere Feilen faßt die rechte Hand am Heft. Daumen und Zeigefinger der linken Hand halten den Feilenkopf. Kleine Feilen sind für schlecht zugängliche Stellen, wie scharfe Ecken und Ausbrüche, geeignet.

4 Beim Schlichten ist die Feile nur noch mit den Armen zu bewegen. Die mit Kreide eingestrichene Schlichtfeile führen Sie in Längsrichtung über das Werkstück und beseitigen somit letzte Unebenheiten. Sie erhalten damit einen gleichmäßigen Feilenstrich.

Schleifen

Grundsätzlich sollten Sie spanabhebenden Arbeitsverfahren, wie Sägen und Feilen, den Vorzug geben, denn dabei entstehen keine Funken und keine Eisenstaubteilchen. Bequemer ist aber, mit einer Schleifmaschine starke Materialien zu durchtrennen oder Schweißkonstruktionen nachzuarbeiten.

5 Beim Trennschleifen müssen Sie darauf achten, daß die Schleifscheibe sich nicht verklemmt. Vermeiden Sie, daß beim Durchtrennen das Werkstück davonfliegt. Vorsicht ist bei Konstruktionen geboten, die unter Belastung stehen.

Profitip
Die Schleifscheibe muß immer frei drehen; darf also nie vom Werkstück geklemmt werden.

6 Zum Planschleifen und Versäubern der Schweißnähte verwenden Sie **Schruppscheiben.** Der beim Schleifen entstandene scharfe Grat macht in der Regel Nacharbeit mit einer Feile notwendig.

Sicherheitstip
Tragen Sie immer eine Schutzbrille, wenn Sie mit Winkelschleifern hantieren. Beachten Sie den Funkenflug und stellen Sie gegebenenfalls Abdeckkartons auf. Kontrollieren Sie vor der Benutzung, ob die Schleifscheibe wirklich intakt ist.

Sie können den Winkelschleifer ebenso zum Entrosten oder zum Glätten einer Oberfläche verwenden, wenn Sie einen flexiblen Schleifteller einsetzen.

4

5

6

Bleche schneiden, treiben und biegen

1

2

3

Schneiden

Das Schneiden, auch »Scheren« genannt, ist ein spanloses Trennverfahren. Dabei bewegen sich zwei Schneiden gegeneinander und kerben den Werkstoff ein. Die Vorteile gegenüber dem Sägen sind, daß hierbei keinerlei Sägespäne entstehen.

Bleche bis 1,0 mm Dicke können mit einer Handschere geschnitten werden.

1 Es gibt **Durchlauf-** und **Lochscheren** (für gebogene Schnitte); je nach Arbeit benötigen Sie Scheren, die links oder rechts an der Kante entlangschneiden.

2 Beim Schneiden wird die Schere so gehalten, daß die Anrißlinie nicht verdeckt wird.

Profitip

Das Blech sollte im rechten Winkel zur Schere liegen, da sonst das Blech verkantet und in den Schneidspalt gezogen wird.

Die Schere sollte beim Schneiden nie ganz geschlossen werden, dadurch erzielen Sie einen gleichmäßigeren Schnittlinienverlauf.

3 So halten Sie Blech und Schere bei einem runden Schnitt richtig. Nach dem Schneiden sollten Sie das Blech gleich mit der Feile entgraten, damit Sie sich nicht an einer scharfen Kante die Hand verletzen.

Hebescheren sind notwendig, wenn das Blech über 1,5 mm dick ist. Mit ihnen sind genaue, gerade Schnitte möglich.

Treiben

Das Treiben ist die kunstvolle Bearbeitung von Blechen. Besonders geeignet sind Kupfer- und dünnes Stahlblech; völlig ungeeignet sind Aluminiumbleche. Mit einem sogenannten Bunzen oder Kugelhammer treiben Sie dabei die gewünschte Form in das Material.

Durch Abhämmern können Sie die Oberfläche der Metallarbeiten auflockern. Dabei schlagen Sie mit einem **Kugelhammer** Vertiefungen in regelmäßigen Abständen ein. Das Werkstück liegt dabei auf einer glatten, massiven Metallunterlage. Wollen Sie das Blech durch Treiben verformen, so benötigen Sie eine »Negativform«, in die das Blech hineingetrieben wird. Sie können z.B. einen Holzklotz mit der entsprechenden Aussparung benutzen. Für einfache Treibarbeiten kann Ihnen auch ein starkwandiges Rohr als Schablone dienen. Wichtigste Regel beim Treiben ist die Gleichmäßigkeit der Schläge, mit denen das Blech von innen nach außen getrieben wird.

Bei umfangreicheren Treibarbeiten ist es notwendig, das Blech zwischendurch mit dem Brenner auszuglühen, damit sich das durch die Hammerschläge veränderte Metallgefüge wieder »erholen« kann. Vor allem beim Treiben von Kupfer ist das Weichglühen wichtig. Gegebenenfalls muß die getriebene Form wieder etwas zurückgetrieben werden.

Biegen

Gebogen bzw. umgeformt werden Bleche, Stäbe, Drähte und Rohre. Je nach Stärke des Materials sind Hilfsmittel wie Biegevorrichtungen und Biegemaschinen notwendig.
Beim scharfkantigen Biegen von Blechen spricht man vom »Abkanten«, bei zylindrischen Formen vom »Runden«. Das Werkstück wird beim Biegen über seine Elastizitätsgrenze hinaus verformt, so daß eine plastische Formänderung bleibt. Dabei wird die innere Werkstückseite gestaucht, die äußere gestreckt. Ist die Verformung zu stark, besteht die Gefahr, daß die Außenseite einreißt oder die innere Seite einknickt (vor allem bei Rohren). Zum Biegen sind immer geeignete Vorrichtungen zu verwenden.

4 Das Abkanten eines Bleches kann entweder im Schraubstock oder mit einem Stahlblock, an dem das Blech festgespannt wird, erfolgen. Schmale Ränder müssen vor der Aufspannung auf die Tiefe der Kante ausgeklinkt werden.

5 Das Abkanten des Blechs erfolgt genau entlang der Biegelinie gleichmäßig auf der ganzen Länge. Das Blech schlagen Sie mit einem Plastikhammer oder noch besser mit einer Kunststoffbeilage um.

6 Während des Abkantens wird immer wieder der Winkel und der Biegeradius kontrolliert.

Profitip

Achten Sie beim Abkanten darauf, daß in ganz kleinen Schritten vorgegangen wird, damit es zu keiner Verbeulung und Streckung der Abkantung kommt.

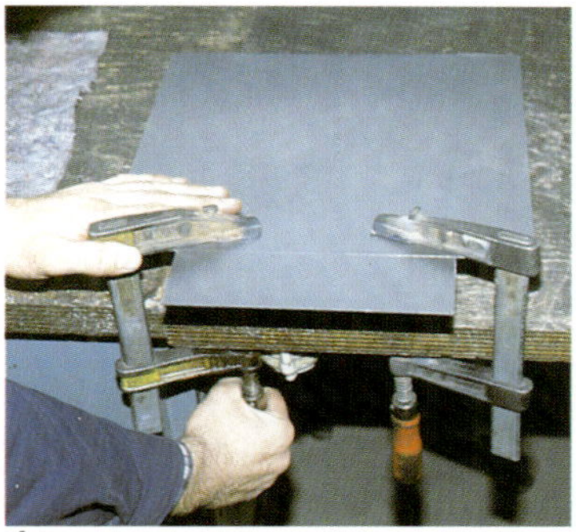
4

5

6

Sachgemäß schweißen und löten

Elektroschweißen

Schutzgasschweißen

Autogenschweißen

Es gibt zahlreiche Möglichkeiten, Materialien miteinander zu verbinden. Zu den eigentlichen und »wahren« Metallverbindungen zählen das Löten und Schweißen. Dabei werden die Metalle stoffschlüssig miteinander verbunden. Die Werkstoffe werden bei großer Hitze unter Beigabe eines Zusatzwerkstoffs zusammengefügt.

In der Verbindungstechnik unterscheidet man folgende Arten:

- Stoffschlüssig
  (Löten, Schweißen, Kleben),
- Kraftschlüssig
  (Schrauben, Pressen),
- Formschlüssig
  (Nieten, Passung, Verzahnung).

Bei stoffschlüssigen Verbindungen werden die Materialien unlösbar und solide zusammengefügt. Die Kunst des Lötens und Schweißens richtig zu beherrschen kennzeichnet in aller Regel den »Profischlosser«.
Beim Schweißen werden gleiche Grundwerkstoffe und der Schweißstab in flüssigem Zustand miteinander verbunden. Dabei wird die Schweißstelle kurzzeitig zum Schmelzen gebracht, so daß die Materialien sozusagen »ineinanderfließen«. Die Schmelztemperatur wird, wie in nebenstehender Darstellung zu ersehen, meist über einen elektrischen Lichtbogen erzeugt. In selteren Fällen findet das Autogenschweißen Anwendung, wobei die Wärme über eine Flamme eingebracht wird. Daneben gibt es noch Schweißverfahren wie das Reibschweißen und Punktschweißen. Hervorragende Schweißeigenschaften bei all diesen Verfahren zeigt gewöhnlicher Baustahl.

Beim Löten dagegen ist die Temperatur wesentlich niedriger, so daß nur das Lot schmilzt und zwischen die Werkstoffe kriecht. Durch Löten werden gleiche oder verschiedene Metalle gebunden.

Schweißen

Es werden im wesentlichen drei Schweißverfahren unterschieden: das Lichtbogenhand- (Elektro-), Schutzgas- und Autogenschweißen. Alle drei eignen sich ausgezeichnet zum Verschweißen von Stahl.
Ein weiteres Schweißverfahren, das sich auch zum Verschweißen von Nichteisenmetallen, insbesondere von Aluminium, eignet, ist das Wolfram-Schutzgasschweißen (WIG).

Lichtbogenhandschweißen

Wärmezufuhr über den Lichtbogen durch die Stabelektrode. Schutz der Schmelze durch die Schlacke.

Autogenschweißen

Wärmezufuhr über die Schweißflamme. Als Zusatz wird der Schweißstab von Hand zugeführt.

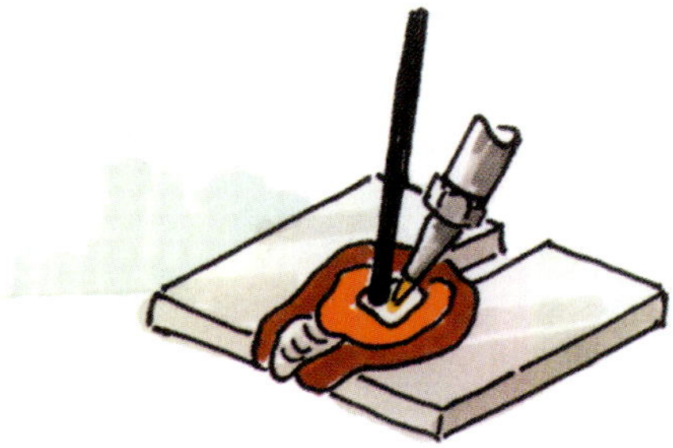

Schutzgasschweißen

Wärmezufuhr über den Lichtbogen durch die automatisch zugeführte Drahtelektrode. Die Schmelze wird durch das Schutzgas umspült.

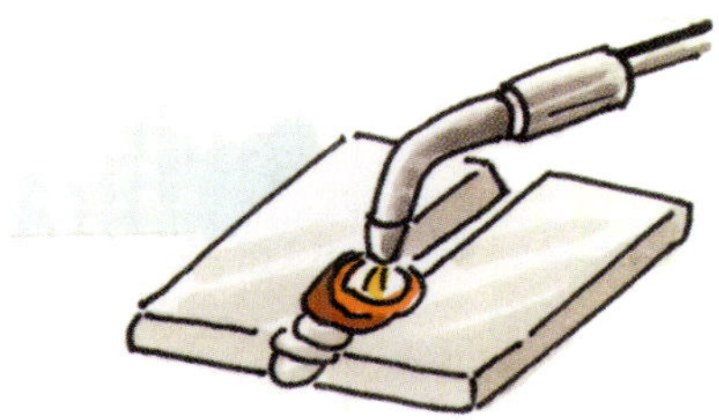

Wolfram-Schutzgasschweißen (WIG)

Wärmezufuhr über den Lichtbogen an der Wolframelektrode. Schutz der Schmelze durch das Gas. Als Zusatz dient der Schweißstab.

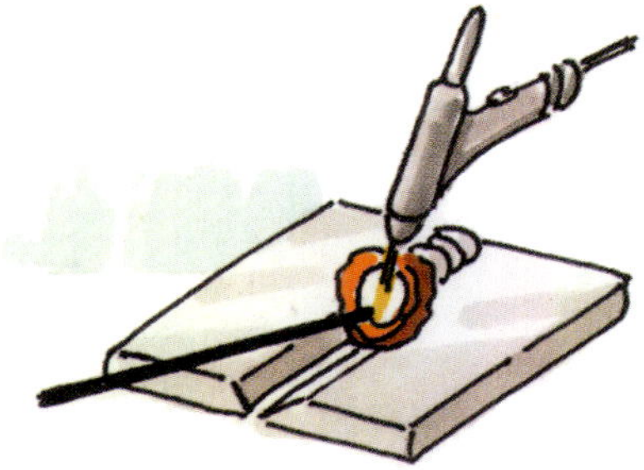

1

2

3

Elektroschweißen
Beim Lichtbogen-Handschweißen, das man vereinfacht als Elektroschweißen bezeichnet, wird die Schmelzwärme durch einen **elektrischen Lichtbogen** zwischen Elektrode und Werkstück erzeugt. Dabei wird von Hand mit Hilfe eines Elektrodenhalters die Elektrode an der Schweißnaht entlanggeführt. Das Elektroschweißen ist besonders für starkwandige Materialien und dicke Bleche geeignet.

Eine komplette Ausrüstung für diese Arbeit besteht aus dem Schweißgerät (dem Schweißtransformator mit Anschlußkabeln), Schutzschild, Schlackenhammer, einer Drahtbürste und geeigneter Kleidung.
Tragbare **Schweißgeräte** haben gewöhnlich einen 220-V-Anschluß und können an jeder entsprechend abgesicherten Steckdose eingesteckt werden.

Beim Einkauf eines Elektroschweißgeräts ist darauf zu achten, daß sich die Schweißstromstärke einstellen läßt. Je nach Materialstärke des Werkstücks und Größe der Schweißelektrode ist eine bestimmte Stromstärke zu wählen. Hier ein Erfahrungswert: auf je 1 mm des Elektrodendurchmessers sollten etwa 40 Ampere eingestellt werden.

Die Wahl geeigneter **Elektrodentypen** und Abmessungen ist entscheidend für das Gelingen der Schweißarbeit.
Schweißelektroden dienen als Zusatzwerkstoff, um die Schweißfuge aufzufüllen. Für den Heimwerker kommen nur umhüllte Elektroden in Frage. Die Umhüllung schmilzt während des Schweißens ab und schützt die Schweißstelle.

Aus ihr entsteht die Schlacke, die die Oxidation des Schweißbads verhindert. Standardelektroden werden mit entsprechender Kennzeichnung in kleinen Packungen angeboten. Die Auswahl des Schweißelektrodendurchmessers richtet sich dabei nach der Werkstückdicke. Dünnes Material verschweißen Sie mit dünnen, starkes Material mit dicken Elektroden.

Umgang mit dem Elektroschweißgerät
Das zu schweißende Werkstück muß metallisch blank und vorbereitet sein. Legen Sie das Werkstück auf eine nicht entflammbare Unterlage, also auf einen Schweißtisch

oder ein Stahlgestell und klemmen Sie das Kabel am Tisch oder Werkstück fest.

Spannen Sie die Schweißelektrode in den Elektrodenhalter ein. Wenn Sie beispielsweise eine Elektrode mit 2 mm Durchmesser nehmen, sollten Sie die Stromstärke am Gerät in diesem Fall auf 80 Ampere einstellen.

Schweißen einer geraden Naht

1 Das Werkstück soll so liegen, daß es einen rechten Winkel zu Ihrem Arm bildet. Achten Sie dabei auf bequeme Armhaltung. Beim Beginn des Schweißens nähern Sie die Spitze der Elektrode bis auf etwa 20 mm dem Metall. Neigen Sie die Elektrode leicht.

Sicherheitstip

Bevor Sie die Elektrode zünden, halten Sie sich unbedingt den Schutzschirm vor die Augen.

2 Die Zündstelle sollte genau auf der Schweißnaht liegen. Sobald der Lichtbogen gezündet ist, beginnen Sie, die Elektrode über das Werkstück zu ziehen. Die Haltung ist leicht geneigt, die Vorwärtsbewegung langsam und gleichmäßig. Ob die Elektrode im richtigen Abstand gehalten wird, erkennt man an der Länge des Lichtbogens. Durch den Schirm sehen Sie den Lichtbogen als grellgelbes Feuer, die Schlacke als dunkelorange Flüssigkeit.

Während des Schweißens wird die Elektrode ständig kürzer, deshalb muß die Hand immer nachgeführt werden. Wenn Sie die Elektrode aus dem Schweißbad herausziehen wollen, muß sie aufgerichtet und sehr langsam herausgezogen werden.

3 Das Entfernen der Schlacke geschieht mit einem Schlackenhammer und mit leichten Schlägen. Mit einer Drahtbürste säubern Sie schließlich die Schweißstelle. Die Qualität der Schweißnaht beruht auf der richtigen Länge des Lichtbogens, der richtigen Arbeitsgeschwindigkeit und der richtigen Stromstärke.

Schweißen erfordert viel Übung. Der »Profi« erkennt schon am Schweißgeräusch, ob der Abstand zwischen Elektrode und Werkstück stimmt. Ist er nämlich zu gering, ertönt ein unregelmäßiges Knistern und Zischen; ist er zu lang, rauscht es sehr stark und der Lichtbogen reißt ab. Wenn die Länge des Lichtbogens richtig ist, ertönt ein gleichmäßiges, sattes, »brutzelndes« Geräusch.

Die wichtigsten Schweißverbindungen

Heftstellen setzt man an den Anfang und an das Ende sowie in regelmäßigen Abständen entlang der Schweißnaht.

Eine **Kehlnaht** entsteht, wenn die Werkstücke senkrecht zueinanderstehen. Die Naht sollte die Form eines Dreiecks mit gleichlangen Seiten und einer leichten Kehle haben.

Eine **Stumpfnaht** schweißen Sie, wenn die Werkstücke eben verbunden werden. Damit die Naht auch bis zur Unterseite des Materials durchgeht, richten Sie zuvor eine V-artige Öffnung her. Die Schrägen bringen Sie am besten mit einer Winkelschleifmaschine an. Je nach Materialstärke schweißen Sie eine oder mehrere Lagen.

Beim Schweißen ist noch kein Meister vom Himmel gefallen. Es schadet also nicht, wenn Sie mit Metallabfällen erst einmal einige Übungsstücke schweißen.

Vermeiden Sie diese Fehler:
Auf nebenstehender Abbildung sind die häufigsten Schweißnahtfehler beispielhaft an Kehlnähten dargestellt. Die möglichen Ursachen hierfür sind folgende:

1. Einbrandkerben:
- zu große Schweißstromstärke,
- zu steile Elektrodenhaltung,
- zu langer Lichtbogen.

2. Schlackeneinschlüsse:
- zu geringer Schweißstrom,
- zu große Geschwindigkeit,
- überschweißte Schlackenreste.

3. Gaseinschlüsse (Poren):
- unsaubere Oberfläche (Rost),
- zu langer Lichtbogen,
- schlecht umhüllte Elektroden.

4. Wurzelfehler:
- eingedrungene Schlacke im Wurzelbereich.

5. Endkrater:
- zu schnelles Herausziehen der Elektrode.

6. Risse:
- schlecht schweißgeeigneter Werkstoff,
- zu schnelles Abkühlen der Naht (Abschrecken).

1. Einbrandkerben

2. Schlackeneinschlüsse

3. Gaseinschlüsse

4. Wurzelfehler

5. Endkrater

6. Risse im Übergang

Schutzgasschweißen

Auch beim Schutzgasschweißen dient ein elektrischer Lichtbogen zur Erzeugung der nötigen Schmelzwärme. Genau gesehen ist das Schutzgasschweißen eine Art Elektroschweißen. Doch im Gegensatz dazu wird hier der Schweißdraht kontinuierlich vom Gerät selbst zugeführt. Das Schutzgas umströmt dabei die Schweißstelle und schützt, ähnlich wie bei Schweißelektroden die Umhüllung, das Schweißbad vor Oxidation.

Schutzgasschweißen ist vor allem geeignet, wenn Sie dünnes Blech oder dünnwandige Rohre zusammenfügen wollen. Wie Elektroschweißgeräte, so werden auch Schutzgasschweißgeräte für den Heimwerker im Handel angeboten.

Beim Schutzgasschweißen schalten sich auf Knopfdruck automatisch Schweißstrom, Schutzgas und Drahtvorschub ein. Schutzgasschweißen scheint auf den ersten Blick einfacher zu sein als das Elektroschweißen. Aber Vorsicht! Schweißfehler sind nicht immer deutlich zu erkennen; auch schlechtgeschweißte Nähte können rein äußerlich gut aussehen.

Umgang mit dem Schutzgasschweißgerät

Ähnlich wie beim Elektroschweißen müssen auch hier die Lichtbogenlänge, die Schweißgeschwindigkeit und die Stromstärke stimmen, damit ein gutes Resultat erreicht wird. Es können also die gleichen Fehler gemacht werden, wie sie zuvor beschrieben wurden.

4 Bereiten Sie das Werkstück vor und legen Sie die zu verschweißenden Teile auf eine glatte, möglichst metallische Unterlage.

Je nach Dicke der Metalle stellen Sie die entsprechende Stromstärke sowie den Drahtvorschub ein. Das ist ein wenig Gefühlssache, außerdem von Gerät zu Gerät verschieden. Drehen Sie das Schutzgas auf und schalten Sie das Gerät ein.

5 Beim Verschweißen von Rohren ist es sinnvoll, das Rohr ringsherum zu heften. Lassen Sie einen Zwischenraum frei, der etwa einer halben Wandstärke der Rohre entspricht.

Dadurch erleichtern Sie sich das Durchschweißen und vermeiden eine nur scheinbar schöne, oberflächliche Naht.

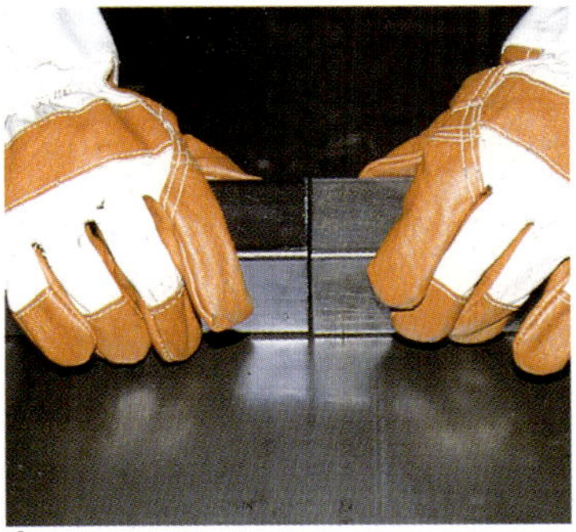

4

5

6

7

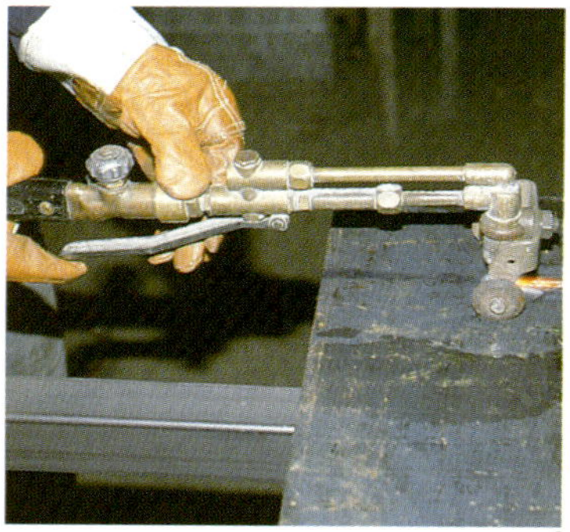

8

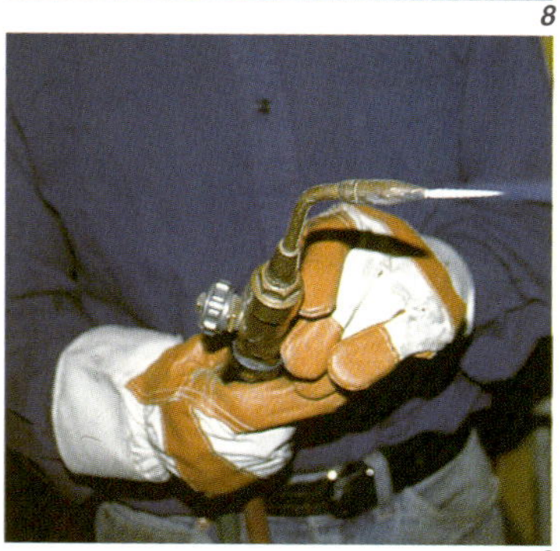

9

6 Beim Schutzgasschweißen ist es üblich, den Brenner »stechend zu führen«, d.h. in Schweißrichtung geneigt zu schieben. Im Gegensatz dazu wird beim Elektroschweißen die Elektrode gezogen.

Ein Vorteil des Schutzgasschweißens ist die geringe Nacharbeit. Sie fahren nur ein paarmal mit der Drahtbürste über die Naht.

Autogenschweißen

7 Beim Autogenschweißen wird die Schweißstelle mit einer etwa 3000 Grad heißen Flamme erhitzt und das Metall zusammengeschmolzen. Die Brennerflamme kommt durch ein Gemisch aus Acetylen und Sauerstoff zustande.

Brennschneiden

8 Beim Brennschneiden mit dem Autogengerät arbeiten Sie mit starkem Sauerstoffüberschuß, damit der Stahl durchgebrannt wird. Dafür benötigt man einen speziellen Brenner.

Ein Acetylengerät eignet sich außerdem zum Hartlöten. Sie arbeiten dann mit einer weniger heißen »weichen« Flamme.
Acetylen kann schon in geringer Verdünnung ein hochexplosives Gemisch bilden. Nur wer wirklich die Möglichkeit einer ordnungsgemäßen Lagerung der gelben Acetylen- und der blauen Sauerstoffflaschen besitzt, darf diese auch verwenden.

Sicherheitstip
Greifen Sie aus Sicherheitsgründen besser auf das Schutzgas- oder Elektroschweißen zurück.

Löten

Im Gegensatz zum Schweißen wird beim Löten der Zusatzwerkstoff, das Lot, geschmolzen. Die zu verbindenden Grundwerkstoffe erhitzen Sie dabei so lange, bis das Lot die Oberflächen benetzt und zusammenfügt. Da beim Löten nur die Metalloberflächen verbunden werden, sollten Sie bei der Gestaltung der Lötnähte darauf achten, Überlappungen herzustellen.

Es gibt zwei verschiedene Lötverfahren: das **Weichlöten** und das **Hartlöten.** Sie unterscheiden sich in erster Linie durch die Löttemperatur der Flamme.

Weichlöten

Als Werkzeuge zum Löten eignen sich elektrische Lötkolben und -pistolen. Sie benötigen weiterhin

Lötzinn und -fett. Beides wird auf die Lötstelle aufgetragen. Beim Weichlöten gehen Sie im Prinzip genauso wie beim Hartlöten vor. Der Vorteil des Weichlötens liegt in der geringeren Nachbearbeitung, weil die Oberflächen nicht so stark angegriffen werden.

Hartlöten

Hartlöten ist das Löten mit Temperaturen über 450 Grad. Hartlötverbindungen halten größeren Belastungen stand als Weichlötverbindungen.
Als Wärmequelle eignet sich ein **Gaslötbrenner**, der als Flüssiggaspatrone mit entsprechenden Brennern im Handel angeboten wird. Benutzen Sie zum Hartlöten Messing- oder Silberlote, denn mit ihnen lassen sich beinahe alle Werkstoffe verbinden und gute Lötergebnisse erzielen.

Sicherheitstip

Acetylen-Sauerstoffbrenner sollten Sie sicherheitshalber nur verwenden, wenn Sie sich zu den Profis zählen.

Flußmittel sind säurehaltige Stoffe, die auf die von Fett und Verunreinigungen befreiten Lötstellen aufgetragen werden. Ebenso wie beim Weichlöten fördern sie die Benetzung des Grundmaterials mit dem Lot.
Es gibt gebrauchsfertige Lötstäbe, die schon mit einer Flußmittelummantelung versehen sind. Der überwiegende Teil der Lötverbindungen erfolgt als **Spaltlöten.**

Dabei müssen Sie die Form der Oberfläche genau aufeinanderpassen. Bei Stumpf- oder Kehlnähten können zusätzliche Beilagen verwendet werden, damit die Oberflächen zwischen den zu verbindenden Metallen möglichst groß werden.

9 Beim Hartlöten gehen Sie folgendermaßen vor:

- Entzünden Sie die Lötflamme. Wenn Sie mit einem Autogengerät arbeiten, stellen Sie eine gelbe »weiche« Flamme ein. Dabei führen Sie gerade so viel Sauerstoff zu, daß die Flamme nicht rußt.

- Passen Sie die zu verbindenden Teile genau aneinander und säubern Sie die Oberflächen von Verunreinigungen und Rost. Dazu dienen Lösungsmittel, Drahtbürsten, Schmirgelpapier. Tragen Sie das Flußmittel auf die Lötstelle auf.

- Erwärmen Sie den Werkstoff langsam und gleichmäßig. Bei unterschiedlich starken Materialien ist darauf zu achten, daß die Flamme vor allem auf das stärkere Material gerichtet wird. Wenn die zu lötenden Teile die richtige Temperatur haben – erkennbar daran, daß sich das Flußmittel verflüssigt hat – führen Sie den Lötstab zu.

- Die Flamme darf nicht direkt auf den Lötstab gerichtet sein. Der Tropfen beginnt auf dem Werkstück sofort zu fließen und benetzt dabei vollständig den Lötspalt. Dieser Vorgang beruht auf der **Kapillarwirkung** und wird nur erreicht, wenn die Materialien auf die richtige Löttemperatur erhitzt wurden. Das Lot dringt in die Oberflächen des Werkstoffs ein und verbindet sie.

Nehmen Sie die gelöteten Teile nicht aus der Haltevorrichtung heraus bzw. berühren Sie sie so lange nicht, bis sie völlig abgekühlt sind. Entfernen Sie die Rückstände des Flußmittels; sie platzen durch leichte Hammerschläge ab.

Säubern Sie das Werkstück zuerst mit einer Drahtbürste, anschließend mit einem Tuch.

Oberflächen behandeln, Rostschutz auftragen

Schon zu Beginn der Arbeiten sollte man sich Gedanken machen, wie die Oberfläche des Werkstücks beschaffen sein soll. Dabei sollten Sie folgende Aspekte genau berücksichtigen:

- Funktionalität,
- Korrosionsschutz,
- Schönheit.

Entscheiden Sie sich also anfangs schon für das geeignete Material und bedenken Sie seine Vor- und Nachteile.

Die Behandlung der Oberfläche ist in der Regel der letzte Arbeitsgang. Insbesondere die Verschönerung und der Rostschutz sind für den Heimwerker von besonderer Bedeutung.
Sie können Metalloberflächen spiegelblank polieren, feilen, schleifen, strukturieren oder einfach auch »natur« belassen, außerdem mit Rostschutzgrundierung und Lacken versehen oder mit anderen Metallen beschichten (Verchromen, verzinken etc.).

Oberflächen reinigen

Metalle säubern Sie am zweckmäßigsten mit Kaltreiniger oder Nitroverdünnung von Öl und Schmutzrückständen. Stahl entrosten Sie am besten mit einer Stahlbürste. Für den selben Zweck gibt es auch entsprechende Aufsätze für Handbohrmaschinen und Schleifmaschinen.

Oberflächen verschönern

Schöne Muster auf der Werkstückoberfläche erhalten Sie, wenn Sie die Fläche mit einem kugeligen Hammer abhämmern oder gravieren. Für das Gravieren gibt es spezielle Handgeräte, mit denen Sie feine Linienzüge auf das Metall fräsen können.
Auch gefeilte Oberflächen haben einen ganz besonderen Charakter. Mit einer feinhiebigen Feile beseitigen Sie letzte Unebenheiten und erzeugen einen gleichmäßigen »Strich«.
Wünschen Sie eine ganz glatte, glänzende Oberfläche, so muß das Metall poliert werden. Dazu benötigen Sie Polierpaste, ein weiches Tuch und viel Zeit. Polieren ist notwendig, wenn das Werkstück anschließend mit einer glänzenden Schicht überzogen, z.B. verchromt werden soll.

Oberflächen beschichten

Die älteste Möglichkeit, Stahl vor Korrosion zu schützen, ist das Schwarzbrennen. Indem das Metall erwärmt und gleichzeitig mit Öl betupft wird, erhält es einen rustikalen Charakter.
Der gängigste Rostschutz ist das Beschichten der Oberfläche mit Lacken. Geeignet sind Kunststoff- oder Kunstharzlacke, die mit dem Pinsel, mit einer Rolle oder mit einer Spritzpistole aufgetragen werden können. Einfachen Klarlack sollten Sie nur dann verwenden, wenn das fertige Stück im Trockenen steht. Ein wirksamer Schutz ist gewährleistet, wenn zuvor die Metalloberfläche gereinigt wird und dann eine Rostschutzgrundierung aufgetragen wird.

Verzinken

Für Stahlkonstruktionen, die ständig der Witterung ausgesetzt sind, empfiehlt sich, diese zum Verzinken wegzugeben. In dazu eingerichteten Verzinkereien wird das Werkstück in ein Zinkbad eingetaucht und dabei vollständig mit einer Zinkschicht überzogen. Der Preis für das Verzinken richtet sich nach Gewicht und Größe des Werkstücks. Achten Sie auf eine verzinkungsgerechte Konstruktion des Werkstücks. Es darf auf keinen Fall geschlossene Hohlräume aufweisen.

Ein Messingbrieföffner

Material
1 Messingblech
(200 x 20 x 1,5 mm).

Werkzeug

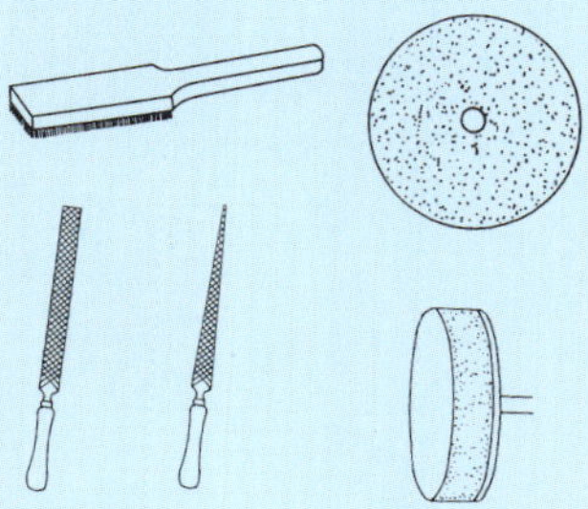

Schwierigkeitsgrad

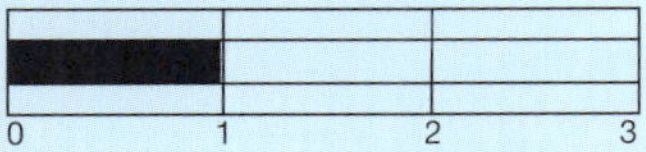

Kraftaufwand

Arbeitszeit
Rechnen Sie mit etwa 1/2 Stunde Arbeitszeit.

Ersparnis
Aufgrund Ihrer Eigenleistung müssen Sie für den Brieföffner nur rund 10 € zahlen.

Einer der schönsten Werkstoffe in der Palette der Metalle ist Messing. Durch seine goldglänzende Farbe hat es einen sehr edlen Charakter.

Sie brauchen ein Stück Messingblech mit 1,5 mm Stärke. Zeichnen Sie zunächst eine schöne Form mit einem weichen Bleistift auf.

1 Spannen Sie am besten ein Stück Holz als Auflage in einen Schraubstock ein. Ähnlich wie bei Laubsägearbeiten verwenden Sie auch hier eine Bügelsäge, in die allerdings ein Metallsägeblatt eingespannt wird. Sägen Sie nun die Kontur des Öffners so genau wie möglich aus. Achten Sie beim Sägen darauf, daß Sie immer ganz nah an der Unterlage sägen, um ein Vibrieren des Bleches zu vermeiden.

2 Die genaue Kontur wird schließlich mit einer kleinen **Feile** nachgearbeitet. Schrägen Sie die Schneide des Brieföffners ein wenig an. Die Spitze und alle scharfen Kanten müssen schließlich sauber abgerundet werden.

3 Besonders schön wird der Brieföffner, wenn Sie zum Schluß die Oberfläche polieren.

1

2

3

Eine Kupferschale fertigen

Material
1 Kupferblech
(Ø 200 x 0,5 mm).

Werkzeug

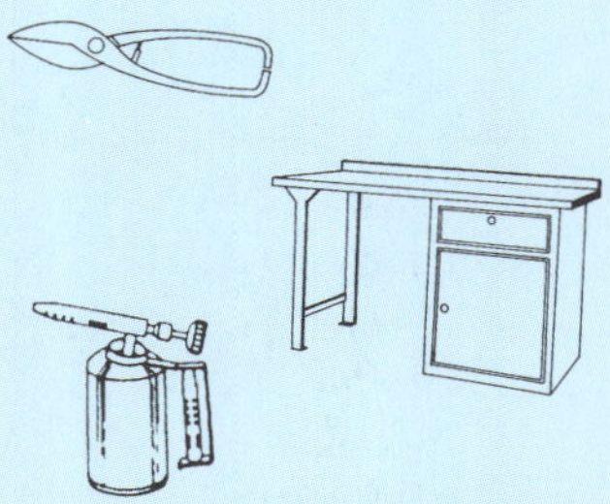

Schwierigkeitsgrad

Kraftaufwand

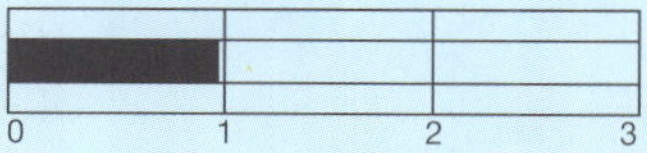

Arbeitszeit
Für diese schöne Schale brauchen Sie etwa 1/2 Stunde.

Ersparnis
Insgesamt sparen Sie ungefähr 13 €.

Kupfer ist ein dekoratives Metall und läßt sich gut formen.

Verwenden Sie ein Kupferblech in 0,5 mm Dicke und tragen Sie darauf einen Kreis auf; außerdem benötigen Sie für das Formen der Schale eine Schablone, in die das Kupfer hineingetrieben wird. Hier eignet sich eine Holzform oder ein Metallring.

1 Nehmen Sie einen **Hammer** mit einem kugeligen Kopf zur Hand und treiben Sie das Kupferblech in die Form. Arbeiten Sie systematisch von der Mitte nach außen. Dabei schlagen Sie mit dem Hammer immer auf die gleiche Stelle und drehen dabei das Blech. Erst nach jeder vollen Drehung gehen Sie mit den Schlägen weiter nach außen.

2 Je nach Wunsch können Sie an der Kupferschale einen mehr oder weniger abgekanteten Rand anbringen.

3 Schneiden Sie nun mit einer **Blechschere** entlang des zuvor aufgezeichneten Umfangs die Kupferschale aus und entgraten Sie die Schneidkante. Zuletzt fahren Sie mit Stahlwolle über die Oberfläche.

1

2

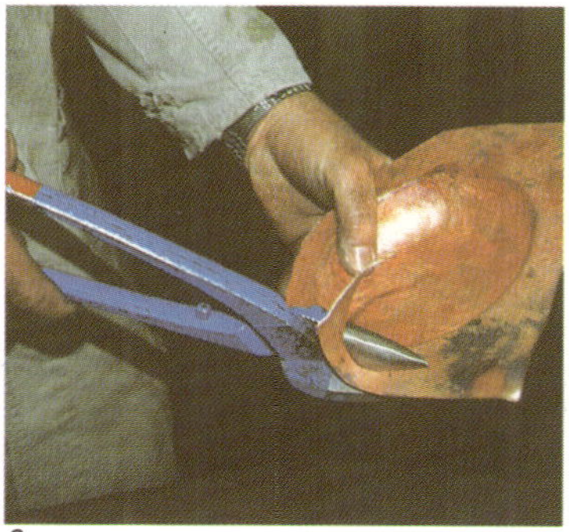
3

Ein rustikaler Kerzenständer

Material
1 Stahlblech (1 mm dick),
1 Stahlnagel (30 mm lang).

Werkzeug

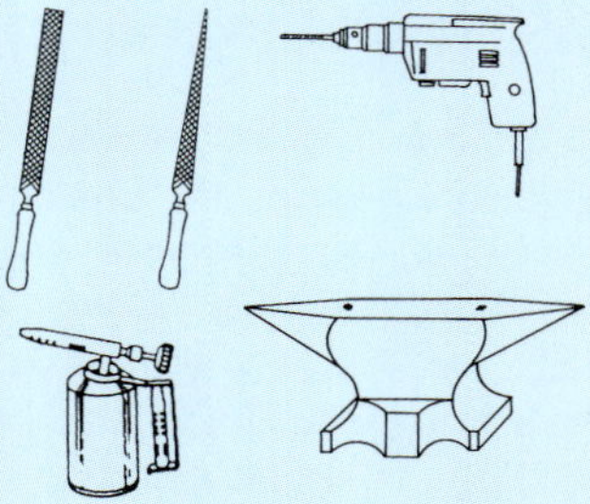

Schwierigkeitsgrad

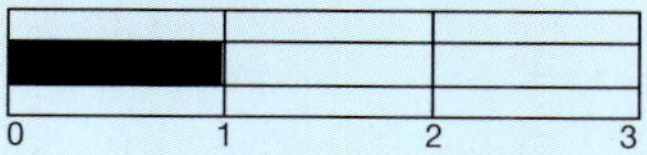

Kraftaufwand

Arbeitszeit
Nehmen Sie sich etwa 1 Stunde Zeit.

Ersparnis
Insgesamt sparen Sie ungefähr 20 €.

Keine Beleuchtung hat so viel Ausstrahlung wie das Licht einer Kerze. Kerzenständer gibt es in den unterschiedlichsten Ausführungen; dieses Beispiel zeigt, wie Sie mit wenigen Hilfsmitteln und ebenso wenig Aufwand einen Kerzenständer selbst anfertigen können.

Alles, was Sie dazu brauchen, ist ein Stück Stahlblech mit 1 mm Stärke und einen Stahlnagel.

Die Form des Kerzenständers ergibt sich aus zwei gegeneinander gestellten Schalen, deren Grundrisse zwei unterschiedlich große Kreise mit den Durchmessern 150 und 200 mm sind. Sie können aber auch jede andere geometrische Form wählen.

1 Nehmen Sie nun den Blechstreifen zur Hand und zeichnen Sie den Mittelpunkt und den Umriß auf. Kennzeichnen Sie den Mittelpunkt mit einem leichten Körnerschlag und verwenden Sie zum Anreißen einen Stahlzirkel.

2 Mit einer **Blechschere** schneiden Sie die Konturen sauber aus. Dabei müssen Sie Vorsicht walten lassen, denn der Schneidgrat ist sehr scharf.

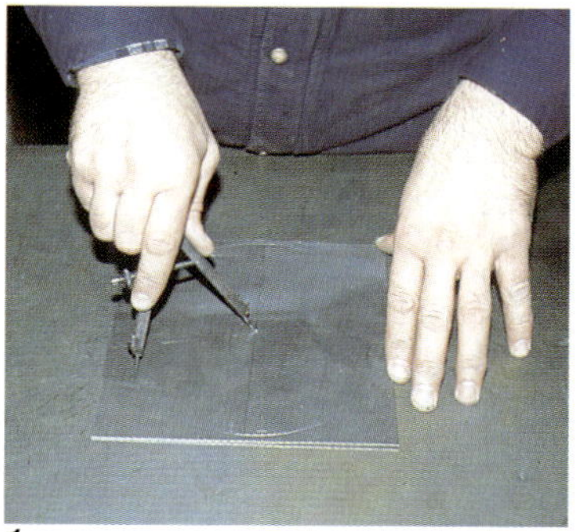

1

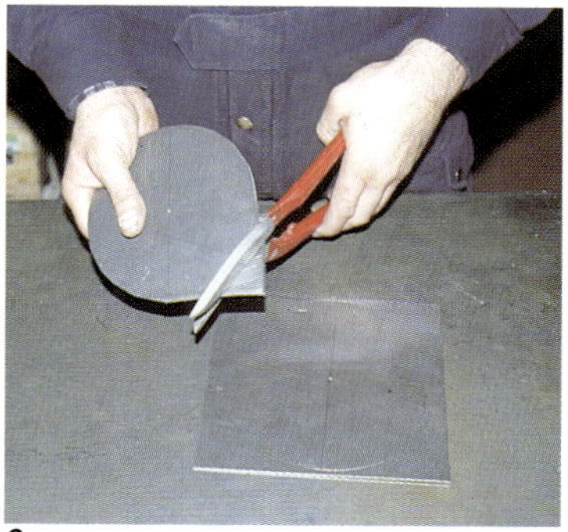

2

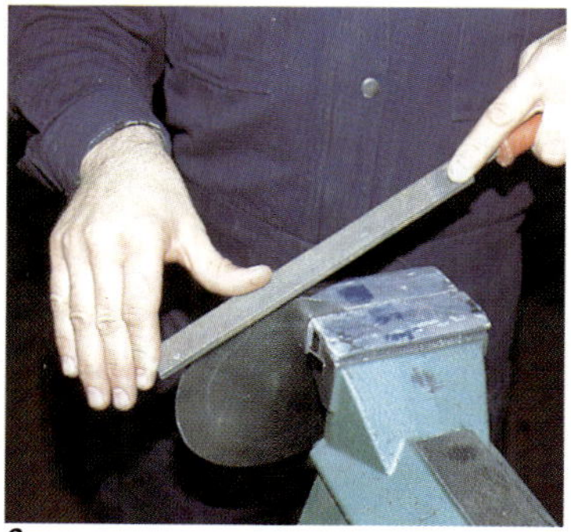

3

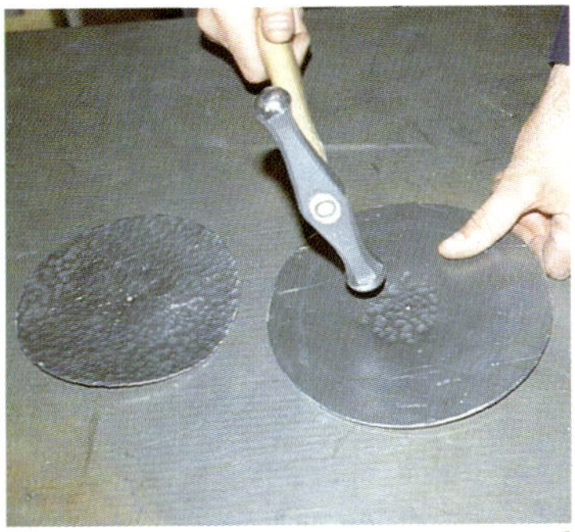

4

5

6

3 Anschließend runden Sie die Blechstücke. Die **Feile** macht dabei eine wippende Bewegung. Der scharfe Grat muß danach entfernt werden. Auch beim Entgraten sollte das Blech im Schraubstock eingespannt sein.

4 Die Blechscheiben können durch **Hammerschläge** verziert werden. Verwenden Sie dazu einen Hammer mit kugeligem Kopf.

Diese Arbeiten müssen auf einer stabilen Unterlage, am besten auf einem Amboß, ausgeführt werden. Der Kerzenständer erhält dadurch den Charakter einer reizvollen Schmiedearbeit.

5 Die Scheiben formen Sie zu **Schalen,** indem Sie diese wie im vorangegangen Beispiel in eine ausgehöhlte Holzform oder einen Metallring treiben. Sie benötigen dafür einen größeren Hammer mit abgeflachtem Kopf und auch mehr Anstrengung, weil Stahl nicht so leicht nachgibt wie Kupfer.

Mit dem Treiben beginnen Sie immer in der Mitte des Werkstücks. Am einfachsten ist es, mit dem Hammer immer auf dieselbe Stelle zu schlagen und dabei das Werkstück langsam zu drehen. Nach und nach setzen Sie dann die Hammerschläge weiter nach außen.

6 Damit die Schalen einen ebenen Rand erhalten, müssen sie wieder ein wenig zurückgetrieben werden.

7 Bohren Sie in die Mitte der Schalen ein Loch, das etwas kleiner ist als der Durchmesser des Nagels. Man bohrt die Schalen erst nach dem Formen, weil die Hammerschläge die Größe und Lage der Bohrung sonst erheblich verziehen würden.

Jetzt können die Schalen zusammengefügt werden. Stellen Sie die Schalen aufeinander und schlagen Sie den Nagel durch die Bohrung.

8 Schließlich sind die Einzelteile fest miteinander zu verbinden. Die professionelle Art, die Teile miteinander zu verbinden, ist das **Hartlöten** oder das Schweißen. Wenn Sie nicht über ein Hartlöt- oder Schweißgerät verfügen, so können Sie sich die nächsten Arbeitsgänge vereinfachen, indem Sie durch die Bohrung eine Schraube stecken, die Sie an der Spitze anschleifen und mit einer Mutter verbinden. In diesem Arbeitsbeispiel wurde als Verbindungstechnik das Löten angewandt.

9 Zunächst müssen die Lötstellen von Verunreinigungen und Fett gesäubert werden. Tragen Sie schließlich das Flußmittel auf und erwärmen Sie die Lötstelle gleichmäßig. Das Flußmittel verhindert zum einen die Oxidation des Werkstücks während der Erwärmung, zum anderen bringt es das Lot gut zum Fließen.

10 Entscheidend für eine gute Lötverbindung ist das Lot und die Arbeitstemperatur. Die richtige Löttemperatur ist dann erreicht, wenn sich das Flußmittel vollständig verflüssigt hat.

Führen Sie nun den Lötstab an die Lötstelle heran. Das Lot muß vom Lötstab abtropfen und die Lötstelle vollständig benetzen. Aufgrund der Kapillarwirkung fließt es sofort in den Spalt hinein. Zwischen den zu verbindenden Teilen und dem Lot bildet sich eine Legierung, die möglichst tief in die Oberfläche eindringen sollte. Nach dem Lötvorgang muß das Werkstück langsam abkühlen, bevor Sie die Lötrückstände entfernen.

11 Beim Zuführen von Temperatur verfärbt sich das Stahlblech – es läuft an. Sie können diese Anlauffarben auch bewußt erzeugen, indem Sie den ganzen Kerzenständer erwärmen.

Ölen Sie den Kerzenständer, noch bevor er ganz ausgekühlt ist, mit einem Tuch leicht ein.

9

7

10

8

11

Ein Pflanzenspalier

Material
Stahldraht (Ø 3 mm).

Werkzeug

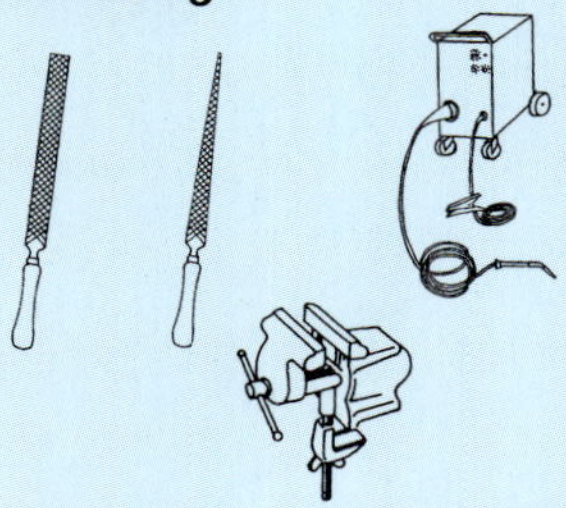

Schwierigkeitsgrad

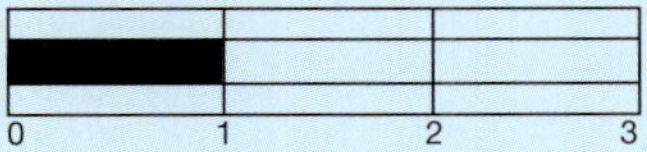

Kraftaufwand

Arbeitszeit
Für die nützliche Kletterhilfe brauchen Sie nur etwa 1/2 Stunde.

Ersparnis
Die Ersparnis beträgt je nach Größe zwischen 5 und 7 €.

Kletterpflanzen brauchen eine Stütze, an der sie sich entlangranken können. Die Kletterhilfe können Sie einfach aus Draht herstellen.

1 Die Maße des Blumenspaliers richten sich nach der Größe der Pflanzen. Wählen Sie einen Draht mit etwa 3 mm Durchmesser und spannen Sie ihn im Schraubstock ein. Beim Umschlagen sollten Sie am besten direkt am Schraubstock die **Biegestelle** hämmern.

2 Zeichnen Sie jetzt auf ein Blatt Papier den Drahtrahmen und die Leiterstäbe auf, ermitteln Sie die genauen Längen der **Querstäbe** und schneiden Sie sie zu.

3 Verschweißen Sie die Querstäbe mit dem Drahtrahmen. Da die Stäbe sehr dünn sind, benötigen Sie nur wenig Schweißstrom bzw. Wärme. Legen Sie den Rahmen auf eine solide Metallunterlage und schließen Sie daran das Massekabel an.
Falls Sie gewöhnlichen Stahldraht verwendet haben, müssen Sie die Blumenleiter noch rostsicher und witterungsbeständig machen. Grundieren Sie Ihr Spalier erst einmal vor und streichen Sie es noch mit einem Farblack nach.

1

2

3

Ein dekoratives Nummernschild für das Haus

Material
1 verzinktes Stahlblech
(400 x 180 x 1 mm).

Werkzeug

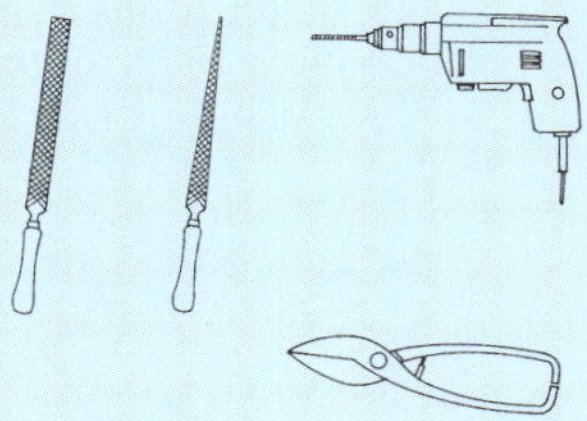

Schwierigkeitsgrad

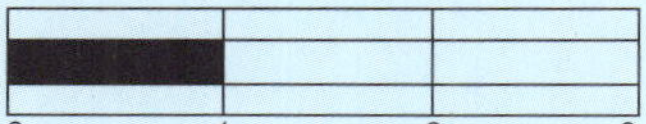

Kraftaufwand

Arbeitszeit
Hierfür benötigen Sie etwa
1 1/2 Stunden.

Ersparnis
Durch Eigenleistung sparen Sie rund 50 €.

In diesem Beispiel wird ein Hausnummernschild aus verzinktem Stahlblech gefertigt. Die Ziffern werden als Bohrungen dargestellt.

1 Tragen Sie die Umrißfläche des Schildes und Mittelpunkte der Bohrungen mit Filzstift auf.

2 Beim Bohren dünner Bleche ist große Vorsicht geboten, weil der Bohrer sehr schnell durch das Blech hindurchgeht und dabei die Gefahr besteht, das Blech mitzureißen. Verwenden Sie am besten eine Standbohrmaschine und bohren Sie die angekörnten Löcher mit einem kleinen Bohrer vor. Diese Löcher bohren Sie in weiteren Arbeitsgängen auf. Entgraten Sie schließlich alle Bohrungen auf beiden Seiten des Blechs mit einem Senkbohrer. Schneiden Sie das Schild mit einer geraden Blechschere aus.

3 Damit das Blech nicht glatt an der Hauswand anliegt, werden die Ränder links und rechts entsprechend abgekantet.

Profitip
Beachten Sie: Große Bohrungen – geringe Drehzahl – wenig Vorschub.

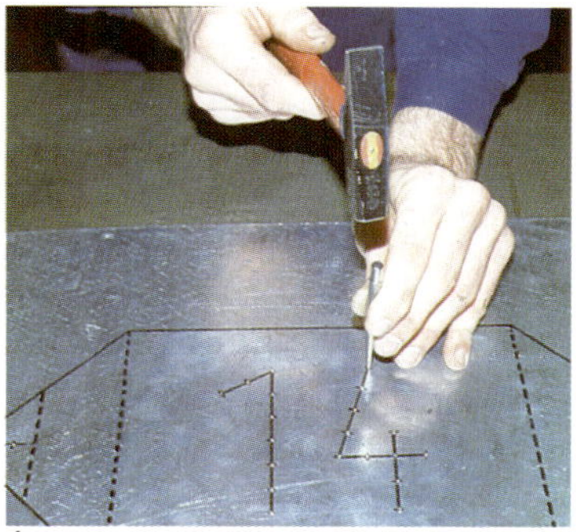

1

2

3

Ein Briefkasten nach Ihren Wünschen

Material

1 verzinktes Stahlblech (1 mm), 2 Zierscharniere, Namensschild, Briefkastenschloß, 1 Stab (285 x Ø 5 mm), Schrauben und Nieten.

Werkzeug

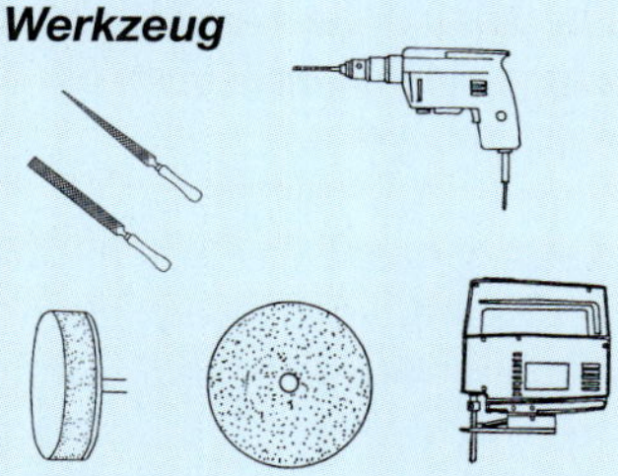

Schwierigkeitsgrad

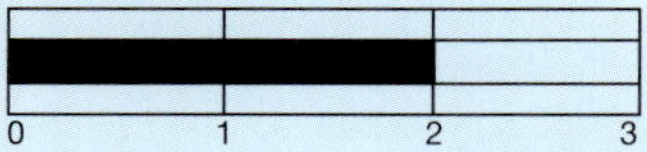

Kraftaufwand

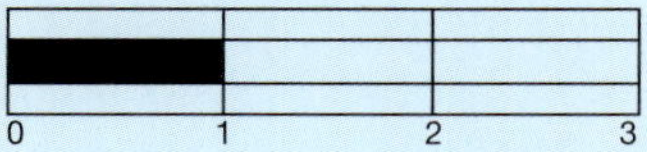

Arbeitszeit

Für diesen schönen Briefkasten müssen Sie ungefähr 6 Stunden einplanen.

Ersparnis

Mit Ihrer Eigenleistung können Sie hier bis zu 75 € sparen.

Wie das Hausnummernschild, so gehört auch der Briefkasten zur Grundausstattung jeden Hauses.

Der in diesem Beispiel vorgestellte Briefkasten ist groß genug, daß auch Umschläge im DIN A 4–Format hineinpassen. Eine Arbeit wie diese erfordert schon einiges Geschick in der Blechbearbeitung.

Sicherlich haben Sie schon einmal aus Pappe ein Kästchen oder einen Würfel zugeschnitten und zusammengefaltet. Im Grunde ist die Arbeitsweise auch mit Metall die gleiche: Aufzeichnen – Ausschneiden – Falten – Kleben. Das Problem ist allerdings, daß sich Metall nicht so schön falten (biegen) und verbinden läßt.

1 Man beginnt damit, die Form der Einzelteile des Briefkastens auf ein Blech mit 1 mm Stärke zu übertragen.

Der Briefkasten besteht aus drei Einzelteilen: Kasten, Deckel, Türchen. Der Kasten hat drei rechtwinkelige Seitenwände; die obere Seite ist schräg. Der Schlitz des Kastens ist 250 mm lang. Die Schlitzbreite ist mit 35 mm noch klein genug, daß niemand die Post herausnehmen kann. Zeichnen Sie

1

2

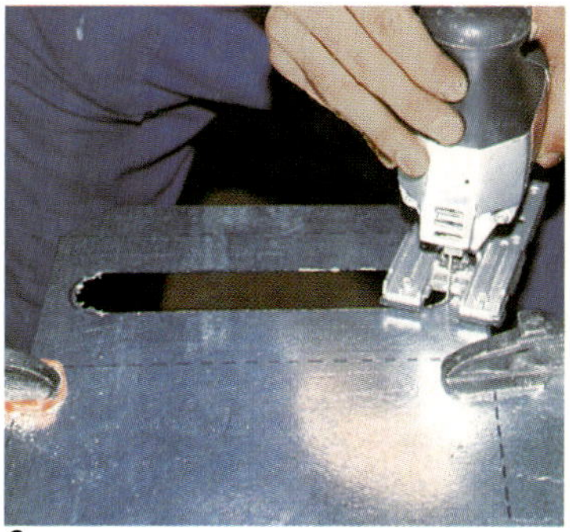

3

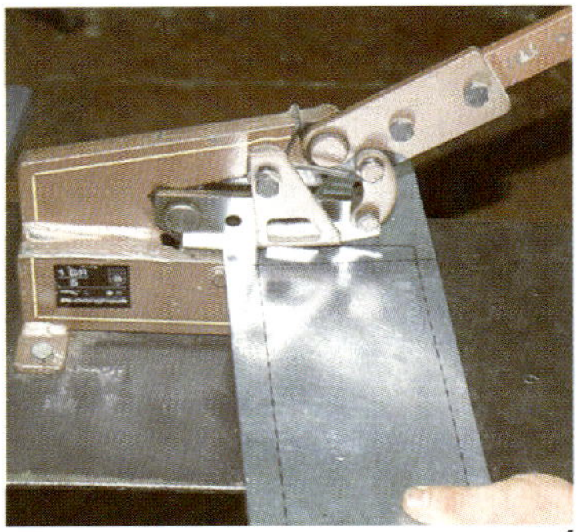

4

5

6

die Schnittkanten des Briefkastens als durchgezogene Linien auf. Biegekanten werden als gestrichelte Linien markiert.

2 Die Außenkonturen des Briefkastens lassen sich am bequemsten mit einer **Hebelschere** ausschneiden. Sie können aber genauso mit einer Handblechschere arbeiten.

3 Die Aussparung für den Briefkastenschlitz läßt sich am besten mit einer **Stichsäge** herausarbeiten. Schwierigkeiten werden Sie bei den Rundungen haben. Es empfiehlt sich, diese vorzubohren, auszumeißeln und mit der Feile nachzuarbeiten.

Sicherheitstip
Bleche sind nach dem Zuschneiden sofort zu entgraten, weil man sich sonst an den scharfen Kanten sehr leicht verletzt.

4 Schneiden Sie die anderen Teile (Deckel und Türchen) zu und entgraten Sie sie anschließend.

5 Es folgt das **Abkanten** der Bleche. Voraussetzung für eine gelungene Kante ist, daß die Bleche richtig aufgespannt werden. Verwenden Sie zum Aufspannen jeweils zwei Schraubzwingen und einen Holzblock in der richtigen Länge.

6 Die Kantungen des Bleches sind von außen nach innen vorzunehmen. Das Blech kanten Sie mit Hilfe eines Plastikhammers; die Schläge werden dicht oberhalb der Biegekante gesetzt.

7 Die abgekanteten Seitenwände des Kastens können Sie auf verschiedene Weise verbinden, durch Löten, Schweißen, Kleben oder Nieten. Zuerst werden alle Ecken exakt aufeinandergespannt.

8 In diesem Beispiel werden die Ecken durch **Hartlöten** miteinander verbunden. Dabei ist folgendes zu beachten: Es müssen die zu lötenden Stellen gesäubert und langsam erwärmt werden. Tragen Sie nun das Flußmittel auf; sobald sich dieses verflüssigt hat, führen Sie das Lot zu.

9 Passen Sie den fertigen **Deckel** auf den Briefkasten auf. Die Drehpunkte links und rechts ermitteln Sie am besten durch ausprobieren. Durch Deckel und Kasten bohren Sie auf beiden Seiten ein Loch mit 5 mm Durchmesser. Schneiden

Sie einen Stab auf die Breite des Deckels zu und schieben Sie diesen durch die Bohrungen.

Den Stab, der als Drehachse dient, verbinden Sie mit dem Deckel links und rechts durch einen Schweißpunkt. Alle Schweiß- und Lötverbindungen müssen Sie schließlich noch verschleifen und mit einer Rostschutzgrundierung gründlich überstreichen.

10 Die **Briefkastentüre** wird mit kleinen Scharnieren am Kasten durch Schrauben oder Nieten befestigt. Scharniere kaufen Sie am besten, ebenso wie das Briefkastenschloß, als Fertigteile.

11 Das **Türchenschloß** setzen Sie in die zuvor herausgearbeitete dafür vorgesehene Aussparung ein.

12 Schließlich muß nur noch das Namensschild angebracht und die Befestigungen des Briefkastens gebohrt werden.

Profitip
Auf der Unterseite des Briefkastens sollten Sie noch Bohrungen als Wasserablauf vorsehen.

7

10

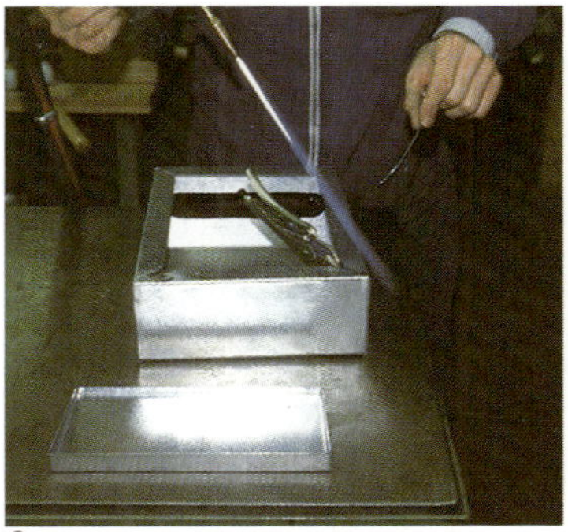
8

11

9

12

Eine Halogen-Tischlampe aus Metall

Material
1 Stahlblech (Ø 250 x 1 mm dick), 1 Stahlblech (0,2 mm dick), 1 Stahlrohr (600 x Ø 14 mm), Trafo (12V), Kabel, Halogenbirne.

Werkzeug

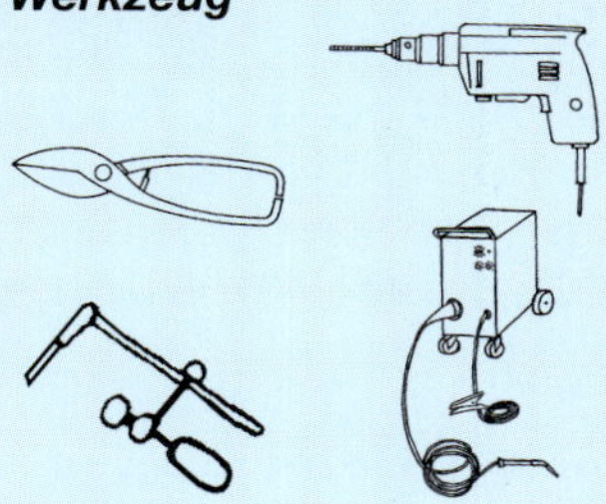

Schwierigkeitsgrad

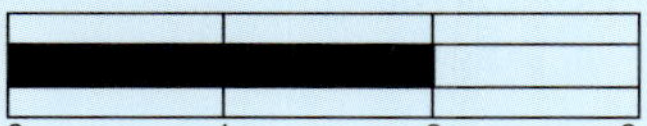

Kraftaufwand

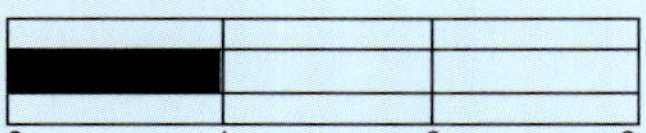

Arbeitszeit
Kalkulieren Sie für diese Arbeit 2 bis 3 Stunden ein.

Ersparnis
Durch Eigenleistung sparen Sie ungefähr 35 €.

Mit Metall lassen sich viele moderne und zweckmäßige Gegenstände herstellen, wie in diesem Beispiel eine Halogenlampe.

Alles, was mit Strom in Verbindung steht, sollte eigentlich von einem Elektrofachmann ausgeführt werden; hier arbeiten Sie aber nur mit 12 Volt Niederspannung und damit völlig gefahrenlos.

12-Volt-Halogenbirnen und einen entsprechenden Trafo gibt es in vielen Elektrofachgeschäften zu kaufen.

Die abgebildete Lampe besteht aus drei Teilen: der Bodenplatte, einem gebogenen Rohr und dem zu einem Trichter geformten Lampenschirm. In diesem Trichter wird der Halogenstrahler samt der 12-Volt-Anschlüsse untergebracht.

1 Bereiten Sie ein 1 mm starkes **Stahlblech** vor und zeichnen Sie mit einem Zirkel die Bodenplatte der Lampe auf.

Auf ein etwas dünneres Blech mit etwa 0,5 mm Dicke tragen Sie die Abwicklung des Lampenschirmes auf. Konstruieren Sie die Abwicklung des Trichters, indem Sie einen

1

2

3

4

5

6

Holz- oder Metallkegel einmal über das Blech rollen.

2 Schneiden Sie den Lampenschirm mit einer **Handblechschere** aus. Den Grat am Blech entfernen Sie mit einer feinen Flachfeile. Die Rundungen bearbeiten Sie mit einer Halbrundfeile.

Denken Sie daran, daß dieses dünne Blech möglichst knapp im Schraubstock eingespannt sein muß. Ihren Händen zuliebe tragen Sie bei diesen Arbeiten Schutzhandschuhe.

3 Den Kegel, den Sie schon zum Anzeichnen der Abwicklung verwendet haben, befestigen Sie im Schraubstock. Dann schlagen Sie mit einem **Kunststoffhammer** das Blech herum. Beim Runden des Blechs sollten Sie in ganz kleinen Schritten vorgehen, damit keine Verformungen entstehen.

4 Schneiden und feilen Sie die **Bodenplatte** zu einem runden Kreis und bringen Sie eine leichte Fase (abgeschrägte Kante) an. Setzen Sie in die Mitte der Platte ein Bohrung mit 8 mm Durchmesser. Es ist wichtig, dabei das Blech ordentlich mit einer Schraubzwinge aufzuspannen, damit es beim Bohren nicht mitgerissen werden kann. Bohren Sie 20 mm vom Rand entfernt ein weiteres Loch und entgraten Sie es sorgfältig. Durch diese Bohrungen muß später das Kabel geführt werden.

5 Das Bodenblech wird in eine Schalenform getrieben. Benutzen Sie dazu einen Ballhammer, damit auf dem Blech keine Dellen entstehen. Die Schale muß eben auf dem Boden aufliegen.

6 Das **Mittelteil** der Lampe ist ein Rohr mit 14 mm Außendurchmesser. Tragen Sie eine Länge von 600 mm an und sägen Sie dieses Stück mit einer Handsäge ab.

Profitip

Ein Rohr zu biegen ist nicht ganz einfach. Je starkwandiger das Rohr und je größer der Radius, desto problemloser läßt sich das Rohr biegen.

Der Biegeradius in diesem Beispiel ist groß genug, so daß Sie das Rohr problemlos mit einem Gummihammer verformen können. Verwenden Sie hierfür ein möglichst starkwandiges Stahlrohr, um ein Abknicken zu vermeiden.

7 Jetzt sind alle Teile vorbereitet und können miteinander verschweißt werden. Für dünne Bleche ist vor allem das **Schutzgasschweißen** geeignet. Stellen Sie dabei die Schweißstromstärke ganz gering ein, damit Sie keine Löcher in das dünne, empfindliche Blech brennen.

Spannen Sie den Lampentrichter mit einer Gripzange zusammen und setzen Sie einige kleine Heftpunkte. Eine durchgehende Schweißnaht ist bei dünnen Blechen sehr schwierig zu machen.

8 Verbinden Sie jetzt den Lampenschirm mit dem Rohr und heften Sie den Strahler an die Bodenplatte. Prüfen Sie, ob die einzelnen Teile in ihrer Anordnung im richtigen Winkel zueinander stehen. Schweißen Sie daraufhin die Lampe fertig und versäubern Sie die Schweißstellen.

Glätten Sie mit einer **Handschleifmaschine** die Metallteile so lange, bis sie eine völlig plane Oberfläche erhalten.

Die Schweißnähte werden dabei abgerundet. Benutzen Sie dafür eine weiche Schleifscheibe.

9 Mit einem weichen **Lappen** und **Politurpaste** reiben Sie die Lampe ein. Kurz einwirken lassen, dann wieder abreiben, bis das Werkstück glänzt.

Da die Lampe bei häufiger Berührung schon bald zu rosten anfangen würde, versiegeln Sie sie am besten mit Klarlack.

10 Es folgt der Zusammenbau des **Strahlers.** Für die Stromversorgung brauchen Sie einen Trafo mit 12 Volt und Steckdosenanschluß. Das 12 Volt führende Kabel fädeln Sie durch die Lampe und führen es zu dem Halogenbirnchen. Stecken Sie nun die kleine Birne in den Lampenschirm.
Jetzt müssen Sie nur noch einen geeigneten Standort für Ihre Lampe finden.

8

9

7

10

Ein Wetterhahn für das Haus

Material

1 Stahlrohr (Ø 14 mm), 1 Stahlstab (Ø 10 mm), Flacheisen, 1 Kupfer- und Messingblech (0,5 mm), 1 verzinktes Blech (1 mm).

Werkzeug

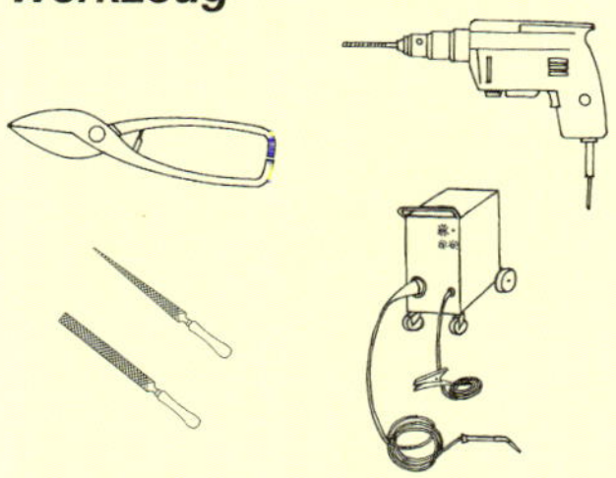

Schwierigkeitsgrad

Kraftaufwand

Arbeitszeit

Rechnen Sie mit 6 bis 7 Stunden für die kunstvolle Arbeit.

Ersparnis

Durch Ihre Eigenleistung sparen Sie rund 150 €.

Früher war der Wetterhahn das Paradestück handwerklicher Metallarbeit. Handwerkliches Geschick und Einfallsreichtum wurden durch ihn zum Ausdruck gebracht. Der Wetterhahn als Krönung eines Gebäudes war Zierde und Windrichtungsanzeige in einem.

Noch heute ist der Wetterhahn eine Herausforderung für den kreativen Heimwerker.

1 Die Silhouette des Wetterhahns soll ausdrucksvoll, die Gesamtfläche aber so angeordnet sein, daß sich die Fahne auch schon bei leichtem Wind ausrichtet. Gleichzeitig muß der Schwerpunkt des Wetterhahns genau auf der Drehachse liegen.

Die einfachste Möglichkeit, den Wetterhahn auf das Blech zu übertragen, besteht darin, Ihre Zeichnung mit einem Kopierer zu vergrößern und dann auf Ihr Objekt zu übertragen. Tragen Sie die Umrißkonturen auf ein verzinktes Stahlblech mit 1 mm Stärke auf. Benutzen Sie einen wasserfesten Filzschreiber und umfahren Sie die Kontur.

Am leichtesten ist es, wenn Sie zum Ausschneiden des Hahns eine **Stichsäge** verwenden.

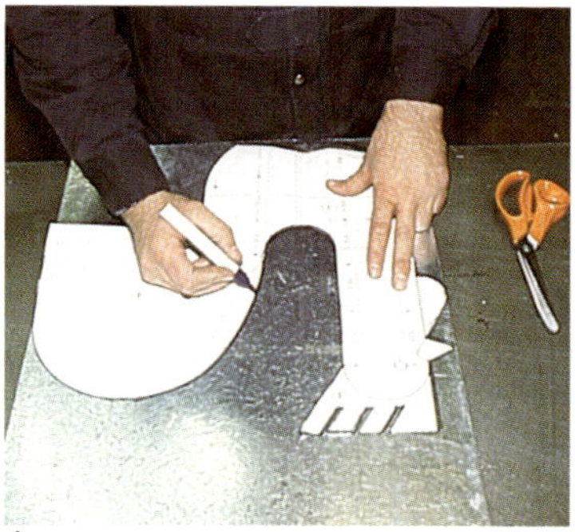

1

2

3

4

5

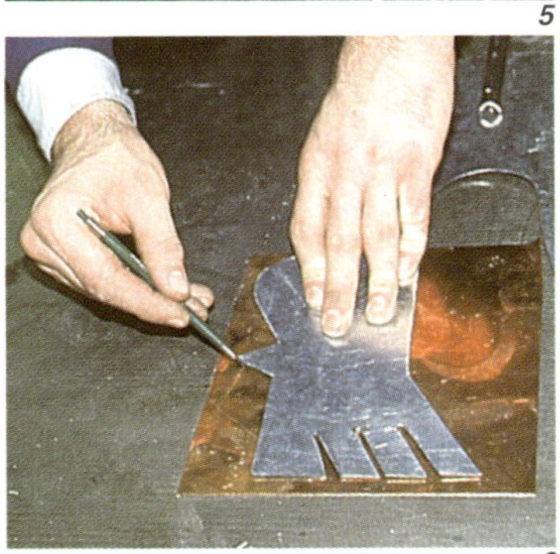
6

Genauso können Sie den Wetterhahn aber auch mit einer **Blechschere** ausschneiden.

2 Zum Ausschneiden der kleinen Rundung brauchen Sie eine stark gekrümmte Blechschere. Sie können auch mit einem Hammer und Meißel arbeiten.

Feilen Sie nun die Kontur des Hahns rund. Dazu spannen Sie das Blech möglichst knapp in Ihren Schraubstock ein. Beim **Feilen** des Bleches wird die Feile längs der Kontur geführt. Abschließend entgraten Sie das Blech.

3 Da sich beim Schneiden der Bleche Verwölbungen ergeben, müssen Sie das Blech mit einem Plastikhammer ausrichten, so daß es wieder eben aufliegt.

4 Fertigen Sie die **Halterung** des Wetterhahns an. Seine Drehbarkeit wird durch ein Rohr, das auf einen Stab aufgesteckt wird, gewährleistet. In das Rohr mit 400 x 14 mm Durchmesser sägen Sie einen Einschnitt mit 100 mm Tiefe. Der Sägeschnitt muß die Breite des Bleches haben, damit das Blech reibungslos in den Schlitz geschoben werden kann.

5 Rohr und Blech verbinden Sie mit M6-Schrauben. Körnen Sie dafür das Rohr an und bohren Sie im zusammengesteckten Zustand Blech und Rohr mit einem Bohrer (Stärke 6,2 mm).
Stecken Sie nun das Rohr auf einen **Stahlstab** mit 1000 x 10 mm Durchmesser.

6 Die »**Feinheiten**«, wie Kopfschmuck und Schwanzfedern, stellen Sie aus Kupfer- und Messingblech her. Wählen Sie hierfür ein dünnes Blech mit 0,5 mm Dicke, damit sich der Schwerpunkt der Wetterfahne nicht zu weit nach hinten verlagert.
Außerdem läßt sich das dünne Blech ohne Kraftaufwand zuschneiden. Nehmen Sie den Hahn als Schablone und zeichnen Sie die Konturen auf das Kupfer- und Messingblech.

7 Die Verzierungen des Hahns schneiden Sie mühelos mit einer kleinen **Blechschere** aus.
Starke Krümmungen, wie die Kopfrundung, meißeln Sie aus und arbeiten mit einer Rundfeile nach. Das dünne Blech verbeult sich bei der Bearbeitung schnell, es muß also mit einem Plastikhammer wieder ausgerichtet werden.

8 Es gibt mehrere Möglichkeiten, die Verzierungen am Blech anzubringen, beispielsweise durch löten, kleben, schrauben oder nieten.

In diesem Beispiel werden die Kupfer- und Messingbleche am Grundkörper des Wetterhahns aufgeklebt.
Streichen Sie die zu verbindenen Teile mit **Metallkleber** ein und pressen Sie sie aneinander. Am besten, Sie spannen den Wetterhahn zwischen zwei Holzplatten ein. Lassen Sie ihn dann bis zum endgültigen Aushärten des Klebstoffs unberührt.

Profitip
Beim Kleben ist es, wie auch beim Löten, ganz wichtig, daß die Oberflächen der zu verklebenden Teile hundertprozentig sauber und möglichst noch mit Schmirgelpapier angerauht sind.

Falls sich durch all die Verzierungen der Schwerpunkt des Hahns zu weit nach hinten verlagert hat, können Sie einige große Bohrungen setzen. Für diesen Fall sollte, wie immer beim Bohren in Blech, ein Schälbohrer verwendet werden.

Letzte Nacharbeiten machen Sie mit einer **Feile**. Bringen Sie die Ränder der Bleche auf die gleiche Höhe, so daß die Schwanzfedern und der Kopfschmuck bündig mit dem Wetterhahn abschließen. Entgraten Sie abschließend alle Teile sorgfältig. Wenn Sie möchten, können Sie den Hahn noch mit Kupfernieten zusätzlich verzieren.

Besonders schön wirkt der Wetterhahn, wenn Sie ihn nun noch polieren. Reiben Sie das Werkstück mit **Politurpaste** ein. Lassen Sie sie kurz einwirken und entfernen Sie den aufgetragenen Film mit einem sauberen Lappen. Damit das Kupfer und die Messingverzierungen nicht so schnell anlaufen, lackieren Sie die Bleche mehrmals mit Klarlack.

Um die Wetterfahne am Haus anbringen zu können, müssen Sie eine **Befestigung** anfertigen.

Die Befestigungen, das Rohr und den Halterungsstab streichen Sie mit einer Grundierung und danach mit schwarzem Lack.

9 Beachten Sie bei der Anbringung des Wetterhahns, daß dieser nicht zum Blitzableiter wird.

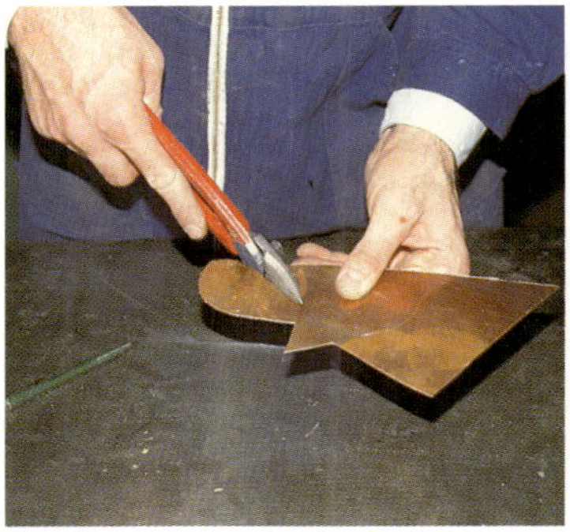
7

8

9

Ein mobiler Partygrill

Material
5 L-Profile (25 x 25 x 4 mm), 2 Rundeisen (Ø 10 mm), 4 Rechteckrohre (20 x 20 mm), V2A-Draht und -Blech (1 mm dick). 2 Räder (Ø 100 mm), Schrauben, Muttern.

Werkzeug

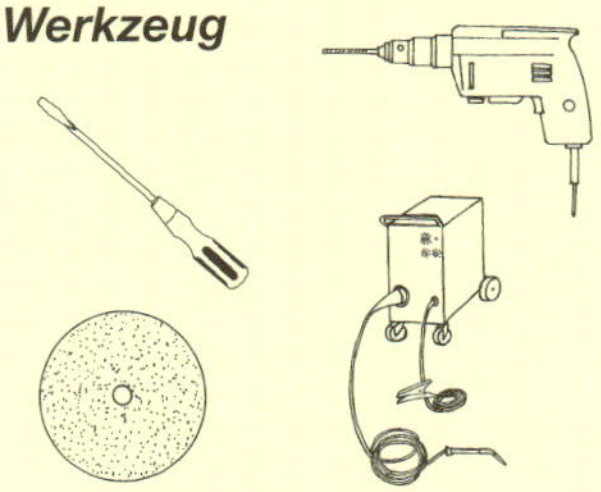

Schwierigkeitsgrad

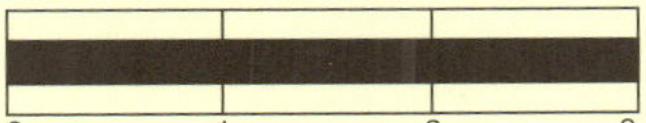

Kraftaufwand

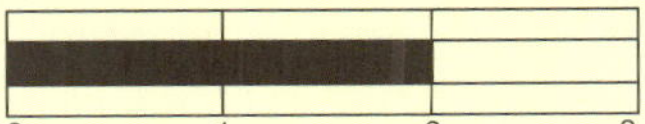

Arbeitszeit
Für diese Arbeit benötigen Sie etwa 10 Stunden.

Ersparnis
Durch Eigenleistung sparen Sie sich einen Betrag von rund 250 €.

Der abgebildete Grill ist mit zwei Rädern versehen, so daß er mühelos im Garten hin- und herzuschieben ist. Er ist zusammenklappbar, also auch problemlos zu verstauen. Es ist zweckmäßig, für den Bau des Grills einige Fertigteile mitzuverwenden. So empfiehlt es sich beispielsweise, Räder mit etwa 150 mm Durchmesser und den Grillrost zu kaufen.

Der Grill ist so konstruiert, daß ein Rost mit der Größe 480 x 480 mm genau paßt.

1 Bauen Sie zuerst den **Rahmen** des Grills. Dieser besteht aus L-Profilen mit einer Schenkellänge von 25 mm und einer Stärke von 4 mm. Tragen Sie die Längen des Rahmens (700 mm und 500 mm) auf und zeichnen Sie am Profil beidseitig einen 45-Grad-Winkel, also eine Gehrung, an.

Sägen Sie den Grillrahmen zu und entgraten Sie das Material. Setzen Sie nun die Profile zu einem Rechteck zusammen und heften Sie sie an jeder Ecke mit einem Schweißpunkt.
Prüfen Sie alle rechten Winkel und messen Sie auch die Diagonale des Rahmens aus.

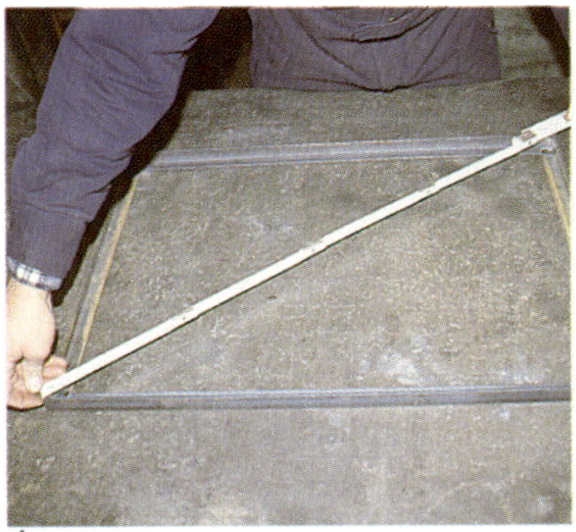
1

2

3

4

5

6

2 Schweißen Sie den Rahmen mit einem Elektroschweißgerät fertig. Der Grillrahmen wird durch ein weiteres L-Profil unterteilt, so daß vorne der Grillrost eingelegt wird und hinten eine Ablage für Grillbesteck und Gewürze bleibt. Damit das L-Profil sauber eingesetzt werden kann, müssen Sie es auf 494 mm Länge abschneiden und ausschenkeln.
Die **Querstrebe** wird im Abstand von 500 mm eingeschweißt.

3 Um das **Gestell** des Grills am Rahmen anzuschrauben, fertigen Sie vier Flacheisen 40 x 40 x 4 mm an. In ihre Mitte setzen Sie eine Bohrung mit 5 mm Durchmesser. Schneiden Sie in diese Bohrungen Gewinde mit der Größe »M6« und schweißen Sie die Flacheisen am Rahmen an.
Auf einer Seite des Grills bringen Sie einen Bügel an. Sägen Sie dazu 520 mm von einem 10 mm starken Rundeisen ab und machen Sie auf beiden Seiten, 60 mm vom Rand entfernt, eine rechtwinklige Biegung.

4 Entfernen Sie wie immer die Schlacke und säubern Sie die Schweißstellen mit einer **Winkelschleifmaschine**.

5 Da der Partygrill rollbar sein soll, müssen Sie als erstes auf einer Drehachse die Räder befestigen. Dazu schweißen Sie auf ein Rundeisen mit 500 x 10 mm Durchmesser eine Gewindestange oder eine Schraube auf. Stecken Sie die Räder auf die Achse und befestigen Sie sie mit jeweils zwei Muttern so, daß sie nicht wackeln, aber dennoch leicht drehbar sind.

6 Das Gestell besteht aus **Rechteckrohren** (20 x 20 mm). Sägen Sie je zwei Rohre auf die Längen 920 und 880 mm zu und setzen Sie jeweils am Ende mittig eine Bohrung mit Ø = 6,2 mm.

Die 880 mm langen Rechteckrohre müssen Sie an je einem Ende mit einer Innenrundung versehen, damit sie mit der Achse sauber verbunden werden können. Machen Sie dies mit einer Rundfeile. Richten Sie die Rohre im rechten Winkel auf die Achse. Ihren Abstand ermitteln Sie aus dem Abstand der Flacheisen am Rahmen, an denen die Rechteckrohre angeschraubt werden. Schweißen Sie die Rohre an der Achse fest.

Jetzt können Sie das Gestell am Rahmen festschrauben.

Die Haltebügel der Grillwanne müssen am Rahmen des Grills eingehängt werden. Fertigen Sie vier kleine Haken aus 4 mm starkem Rundmaterial an. Schweißen Sie diese mittig an der Rahmenvorderseite und Querstrebe an. Entgraten Sie schließlich den Grill mit einer Feile.

7 Als Grundmaterial für die Haltebügel ist ein Draht mit 3 mm Durchmesser geeignet. Sägen Sie zwei Drähte auf 850 mm Länge ab. Biegen Sie zuerst die rechten Winkel, von der Drahtmitte aus gemessen, 150 mm nach links und rechts. Spannen Sie den Draht in den Schraubstock. Dann schlagen Sie mit dem Hammer an den angezeichneten Stellen einen rechten Winkel. Die Enden des Drahts biegen Sie zu Haken um, damit Sie die Grillwanne dranhängen können. Die **Querstäbe** der Haltebügel schneiden Sie auf 300 mm Länge zu und passen Sie an. Schweißen Sie die Drähte in 75 mm Abstand in die Haltebügel ein.

Fertigen Sie die **Grillwanne** aus 1 mm dickem Blech. Die Schnitt- und Biegekanten der Blechwannen zeichnen Sie als durchgezogene bzw. gestrichelte Linien auf. Schneiden Sie das Blech mit einer Hebelschere aus; die Ränder werden auf die Tiefe der Abkantung ausgeklinkt.
Zum Abkanten spannen Sie das Blech mit zwei Schraubzwingen an der Werkbank oder auf der Richtplatte fest und schlagen die Kante mit einem Plastikhammer um. Die Kanten der Grillwanne sollten anschließend verschweißt werden. Nützlich ist auch, in der Grillwanne Verstrebungen einzuschweißen, damit sich die Wanne bei Hitzeeinwirkung nicht so stark verwölbt.

8 Bevor Sie den Grill mit Farbe streichen, muß das Metall von Rost und Schmutz gesäubert werden. Alle Teile des Grills, die nicht der großen Hitze ausgesetzt sind, können Sie mit normalem **Kunstharzlack** streichen.

9 Nachdem der Lack angetrocknet ist, können Sie die Grillwanne in den Haltebügel befestigen und am Grillrahmen einhängen. Legen Sie den Rost in den Grill.
Schneiden Sie eine Platte aus Blech aus und passen Sie diese in die Ablage des Grills ein. Die Ablage ist praktisch, um beim Grillen die notwendigen Utensilien unterzubringen.

7

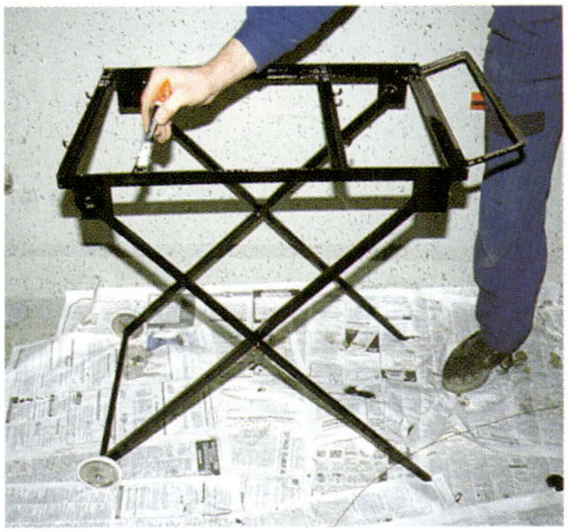
8

9

Eine schmückende Sonnenuhr

Material
11 Stäbe (900 mm lang, Ø 10 mm), 1 Stab (800 mm lang, Ø 14 mm), 1 Flacheisen (20 x 8 mm), 1 Grundplatte (5 mm dick), Zierkugel, Stahlblech, Schrauben, Dübel.

Werkzeug

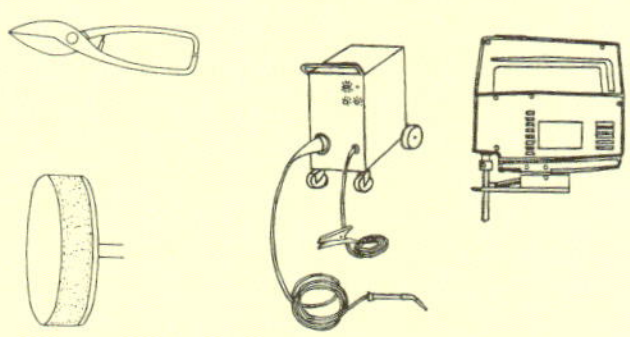

Schwierigkeitsgrad

Kraftaufwand

Arbeitszeit
Für diese schmuckvolle Uhr benötigen Sie ungefähr 10 Stunden.

Ersparnis
Sie sparen etwa einen Betrag von 400 €.

Aufgrund des Schattens (Richtung und Länge), den die Bäume werfen, läßt sich die Tageszeit feststellen. Nach dem gleichen Prinzip funktioniert die Sonnenuhr. Heute als Zeitmesser längst abgelöst durch mechanische und digitale Chronometer, lebt sie jedoch als Attraktion an der Hauswand gerne wieder auf.

Kaum einer wird vorbeigehen, ohne zu versuchen, die Uhrzeit abzulesen. Was Sie brauchen, ist eine Hauswand, die in Richtung Süden steht. Der Schatten des Stabs gibt Ihnen Auskunft über die jeweilige Uhrzeit, wenn seine Lage zu jeder vollen Stunde markiert ist.

1 Am besten ist es, Sie konstruieren sich selbst an Ihrer Wand die Sonnenuhr, indem Sie einen Probe-Schattenstab im 45-Grad-Winkel an Ihrer Wand provisorisch anbringen und zu jeder vollen Stunde seinen Schatten aufzeichnen. Daraus können Sie nun die genauen Winkel der Uhrzeitstäbe ausmessen und sich sozusagen die Sonnenuhr entsprechend Ihrer Wand »maßschneidern«.

Eine andere Möglichkeit besteht darin, die Sonnenuhr einer fertigen

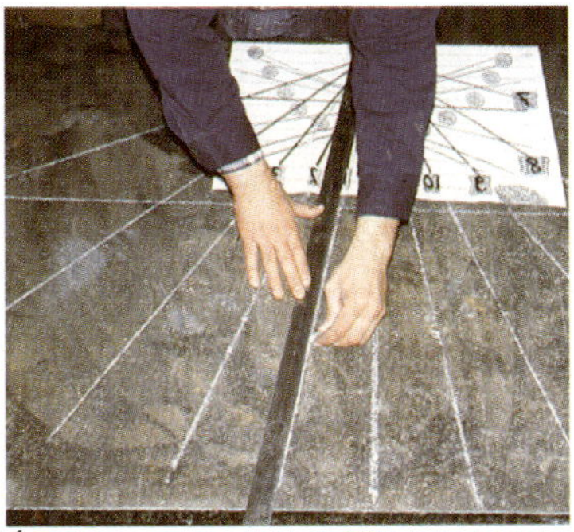
1

2

3

4

5

6

Vorlage nachzubauen, aber noch nicht fertigzuschweißen, sondern zunächst auszuprobieren. Sie können die einzelnen Stäbe dann ausrichten und die Uhr damit »eichen«. Machen Sie dies an einem schönen Sommertag.

Profitip
Zeichnen Sie jeweils das Werkstück auf eine Metall- bzw. Sperrholzplatte. Dies dient Ihnen in idealer Weise als Vorlage für alle Zuschnitte und auch für die anschließenden Schweißarbeiten.

2 Den **Mittelpunkt** der Uhr bildet am zweckmäßigsten eine flache Scheibe. Dazu schneiden Sie von einem Rohr mit 100 mm Durchmesser einen 30 mm langen Ring ab und entgraten ihn mit einer Feile.

3 Als **Befestigung** der Uhr dient eine Metallplatte. Nehmen Sie ein Stück Blech mit den Maßen 300 x 200 x 5 mm.

Zeichnen Sie die Befestigungslöcher mit Reißnadel und Stahllineal an. Den Mittelpunkt des Blechs ermitteln Sie, indem Sie zweimal die Diagonale von Ecke zu Ecke nehmen.

Nach dem Ankörnen der Löcher zeichnen Sie mit einem Stahlzirkel die Lage des Rohrrings an.

4 Die Löcher bohren Sie zunächst mit einem kleinen Bohrer vor. Danach verwenden Sie einen größeren Bohrer mit 10 mm Durchmesser. Anschließend entgraten Sie mit einem Senkbohrer die Befestigungslöcher. Sicherheitshalber spannen Sie auch bei dieser massiven Platte das Werkstück mit einer Schraubzwinge fest.

5 Feilen Sie nun eine Fase an die Platte.

6 Anschließend beginnen Sie mit dem **Zusammenschweißen**. Dazu setzen Sie den Rohrring auf die markierte Stelle der Metallplatte und heften ihn fest. Mit einem Elektroschweißgerät mit 80 Ampere Stromstärke und einer 2-mm-Elektrode lassen sich alle Schweißarbeiten an dieser Sonnenuhr gut ausführen.

7 Jetzt schweißen Sie eine Kehlnaht zwischen Rohrring und Platte. Wie immer wird nach dem Elektroschweißen die Schlacke entfernt und die Schweißstelle mit einer Drahtbürste sorgfältig gesäubert.

8 Längen Sie die Uhrzeitstäbe ab und legen Sie sie in den richtigen Winkeln auf die Platte. Beim anschließenden Anschweißen der Stäbe lassen Sie sich am besten von einer zweiten Person helfen.

9 Es ist wichtig, die Stäbe gut am Rohrring zu befestigen, denn durch ihre Länge wird schon bei kleinen Kräften die Schweißung sehr stark belastet.

10 Der Schattenstab hat eine Länge von 800 mm. Am Schleifbock schleifen Sie eine schöne Spitze an das vordere Ende.

Wenn Sie möchten, können Sie den Stab noch mit einer Metallkugel zusätzlich verzieren.

11 Befestigen Sie den Schattenstab in einem 45-Grad-Winkel zur Grundplatte. Der Schattenstab hat die gleiche Richtung wie der 12-Uhr-Mittagsstab. Heften Sie den Schattenstab im Mittelpunkt der Grundplatte an.

In diesem Rohzustand empfiehlt es sich, die Sonnenuhr bereits an der Hauswand zu »testen«. Gegebenenfalls müssen Sie die Stäbe noch etwas nachrichten.

7

10

8

11

9

12

13

14

12 Die nächste Arbeit ist das Fertigschweißen des Grundgerüsts der Uhr. Eine zusätzliche Stabilisierung der Sonnenuhr ist das Einschweißen des Querstabs.

13 Die nun fertige, aber noch »nackte« Sonnenuhr können Sie noch durch **Blechverzierungen** verschönern. Das Zentrum der Uhr soll eine aus Blech geformte Sonne bilden. Die jeweiligen Uhrzeiten werden durch Ziffern dargestellt, die aus Blech ausgeschnitten und an den einzelnen Stäben angebracht werden.

Zeichnen Sie mit einem Filzstift die Sonne und die Ziffern auf eine etwa 1 mm dicke Blechplatte. Die Ziffern können Sie natürlich genauso als Fertigteile in Form von Hausnummerzahlen im Handel kaufen.

14 Schneiden Sie mit einer Blechschere die einzelnen Blechteile aus. Dabei empfiehlt es sich, Schutzhandschuhe zu tragen, um sich nicht an den scharfen Blechkanten zu verletzen.

15 Die Blechteile werden vor der weiteren Bearbeitung zunächst entgratet.

16 Die aus Blech geformte Sonne wird mit einem **Kugelhammer** abgehämmert und danach in eine Form getrieben, um ihr einen lebendigen Ausdruck zu verleihen.

Auch wenn Sie nicht über die in der Abbildung gezeigte Lochplatte verfügen, kann alternativ eine Rohrscheibe als Auflage nützlich sein, um die geschwungene Form der Sonne zu erzeugen.

15

16

17

17 Schweißen Sie die Blechsonne genau über das Zentrum der Uhr und verdecken Sie dadurch den Rohrring.

18 Die Ziffern hämmern Sie ebenso mit einem **Kugelhammer** ab. Durch gleichmäßige Schläge können Sie dabei auch die Kanten der Ziffern ein wenig herunterziehen.

19 Lassen Sie sich beim **Anschweißen** der Zahlen wieder von einer zweiten Person helfen.

20 Versäubern Sie alle Schweißnähte und entfernen Sie die Schlacke.

21 Vor dem Grundieren sollten Sie mit einem Lösungs- oder Reinigungsmittel die ganze Uhr säubern. Grundieren Sie die Uhr mit einer **Zinkstaub**- oder einer ähnlichen **Rostschutzfarbe**.

22 Nach der Grundierung tragen Sie den Lack in der gewünschten Farbe auf. Sie geben der Sonnenuhr den »goldrichtigen« Anschein, indem Sie auf die Verzierungen eine Goldbronzefarbe auftragen.

23 Die Sonnenuhr sollte mit soliden Schrauben und Dübeln an der Hauswand befestigt werden.

18

21

19

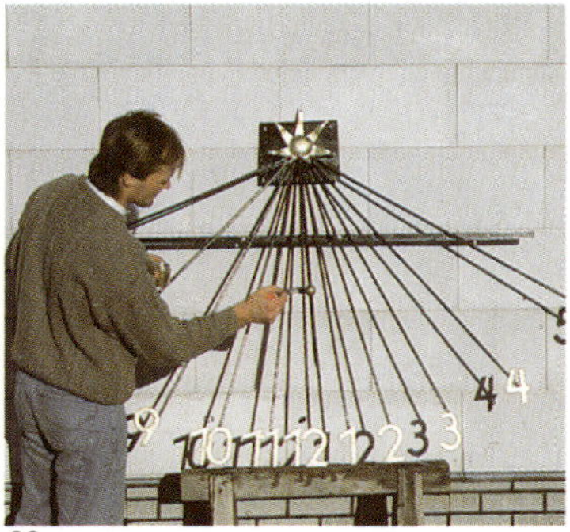
22

20

23

Ein Fenstergitter

Material
4 Flacheisen (40 x 12 mm), 8 Stäbe (20 x 8 mm), 4 Bolzen (Ø 10 mm), Kugeln und Nieten.

Werkzeug

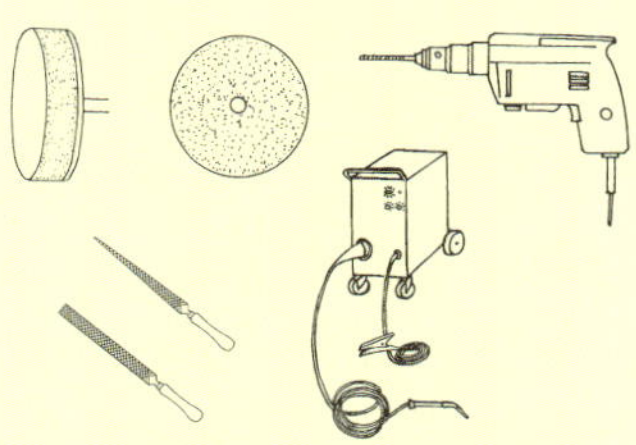

Schwierigkeitsgrad

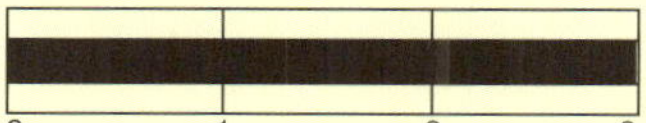

Kraftaufwand

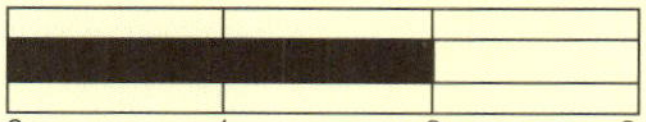

Arbeitszeit
Für ein Gitter dieser Art sollten Sie schon 4 Stunden einplanen.

Ersparnis
So ein Gitter ist nicht billig. Durch Eigenleistung sparen Sie etwa 300 €.

Fenstergitter sind ein wirksamer Schutz gegen Einbruch. Viele Versicherungsgesellschaften schreiben deswegen vor, Keller- und Erdgeschoßfenster durch Gitter zu sichern.

Sie können selbst ein Gitter bauen, wenn Sie den Umgang mit dem Schweißgerät beherrschen. Treffen Sie zunächst einige Grundüberlegungen:

- Welche Maße hat Ihr Fenster?
- Wie wollen Sie das Fenstergitter befestigen (im Mauerwerk oder am Fensterstock)?
- Soll das Fenster noch geöffnet werden können?

Und so gehen Sie vor: Das Fenstergitter in diesem Beispiel wird direkt im Fensterstock befestigt.

Wichtig dabei ist, die Befestigung so zu wählen, daß das Gitter nicht mehr von außen lösbar ist. Hier soll das Gitter mit Zapfen im Fensterstock stecken und von innen verschraubt werden.

Die **Maße** des Gitters bemessen Sie etwas kleiner als die Aussparung im Mauerwerk, also etwa 20 mm weniger, als die lichte Weite

1

2

3

4

5

6

von oben nach unten bzw. von links nach rechts beträgt. Denken Sie beim Ausmessen der Fenster daran, alle Seiten einzeln, ebenso auch die Diagonalen auszumessen. Es könnte sein, daß die Maueraussparung nicht hundertprozentig rechtwinklig ist.

Das **Grundgerüst** des Gitters bildet ein rechtwinkliger Rahmen aus Flacheisen mit dem Querschnitt 40 x 12 mm.

Im Rahmen sind **Stäbe** mit dem Querschnitt 20 x 8 mm eingesetzt. Zwischen den Stäben sollte an keiner Stelle der Abstand mehr als 120 mm betragen, damit niemand durchsteigen kann. Das in diesem Beispiel gewählte Rautenmuster verleiht dem Gitter durch die vielen Querverbindungen der Stäbe erst seine zusätzliche Stabilität.

1 Zeichnen Sie den Rahmen im Maßstab 1:1 auf eine Metall- oder Sperrholzplatte mit Kreide auf. Die Kreidezeichnung dient als **Schablone** für die nun folgenden Arbeiten. Sie können auch gleich zu Beginn die Fläche aufteilen und das Rautenmuster konstruieren. Das Gitter in diesem Beispiel hat die Außenmaße 800 x 700 mm.

2 Sägen Sie als erstes den **Flacheisenrahmen** zu. Dafür zeichnen Sie zunächst die Längen der Flacheisen an. Die Breiten oben und unten kennzeichnen Sie bei 800 mm, die seitlichen Stäbe reduzieren sich um zwei Materialstärken von 700 auf 676 mm. Grund dafür ist, daß der Rahmen stumpf verschweißt werden soll.
Sägen Sie den Flacheisenrahmen zu. Spannen Sie beim Sägen das Werkstück möglichst knapp in den Schraubstock und machen Sie auf beiden Seiten einen geraden Schnitt. Nach dem Sägen sollten Sie das Material gleich entgraten.

3 Legen Sie die zugeschnittenen Flacheisen auf die **Richtplatte**.

Profitip
Einen Rahmen fertigen Sie fachmännisch an, indem Sie zunächst drei Seiten zu einem »U« zusammenschweißen, dann nachrichten und schließlich die vierte Seite einschweißen.

Heften Sie dazu die drei Seiten mit je einem Schweißpunkt oben und unten aneinander.
Richten Sie jetzt den Rahmen ein. Beachten Sie dabei, daß sich beim Schweißen die Winkel einerseits

durch Temperaturzufuhr und andererseits durch die erneute Abkühlung zusammenziehen. Da der Rahmen genau rechtwinklig werden soll, rechnen Sie etwas Vorgabe ein. Das heißt, für einen 90-Grad-Winkel richten Sie etwa 92 Grad ein.

4 Schweißen Sie zunächst das »U«. Die **Schweißreihenfolge** ist: oben, unten, außen, innen. Überprüfen Sie nach dem Schweißen die Genauigkeit der Winkel und Maße. Schweißen Sie jetzt erst den vierten Stab an. Durch diese Methode ist gewährleistet, daß der angefertigte Rahmen rechtwinklig und spannungsfrei ist.

5 Nachdem der Rahmen fertiggeschweißt ist, beginnen Sie, das **Rautenmuster** einzupassen. Sie können dabei zwischen schmalen, langgestreckten oder quadratischen Rautenformen wählen. Teilen Sie dazu die Fläche des Gitters in gleiche Abstände auf und messen oder rechnen Sie sich die Winkel der gewünschten Rautenform genau aus.
Das Rautenmuster biegen Sie aus den acht Stäben, die Sie im Format 20 x 8 mm besorgt haben. Das Biegen erfolgt am Schraubstock durch kräftige Hammerschläge. Dabei sollten Sie gerade den ersten Stab sehr sorgfältig biegen, da dieser als Richtmaß für alle weiteren dient. Die Rautenstäbe können Sie natürlich auch vorgefertigt im Fachhandel kaufen.

6 Passen Sie den ersten Rautenstab in den Rahmen ein.

7 Nach dieser Schablone biegen Sie die weiteren Stäbe.

8 Setzen Sie nun Stab für Stab einzeln ein. Dafür messen Sie zuerst die jeweilige Länge der Stäbe aus, sägen zu, entgraten und passen ein.

9 Eine schöne **Verzierung** des Fenstergitters ist, wenn Sie zwischen die Rauten kleine Stahlkugeln setzen. Die Kugeln müssen Sie bei der Berechnung der Abstände zwischen den Stäben mit einkalkulieren. Geeignete Kugeln und Nieten gibt es als Fertigteile zu kaufen. Damit die Kugelnieten durch die Stäbe hindurchgesteckt werden können, müssen Sie noch in alle Stäbe Löcher bohren.

In jede Biegung der Stäbe setzen Sie dazu eine Bohrung, die im

7

8

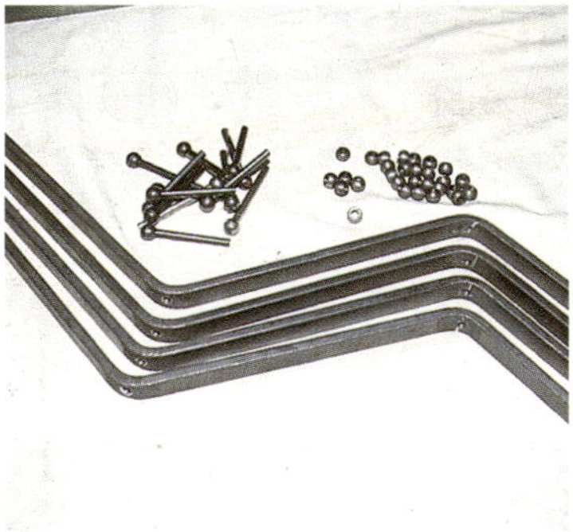

9

10

11

12

Durchmesser etwas größer ist als der Schaft der Kugelnieten.

Die Kugelnieten müssen Sie eventuell noch auf die richtige Länge zuschneiden, so daß auf den Schaft der Kugelnieten zwei Kugeln und entsprechend dazu zwei Stäbe passen.

10 Im folgenden Arbeitsschritt wird das Fenstergitter zusammengesetzt. Die Kugelnieten stecken Sie durch die Rautenstäbe und Zierkugeln hindurch, wodurch das ganze Gitter verbunden wird. Möglicherweise müssen Sie mit dem Hammer etwas nachhelfen.

Die Rautenstäbe fixieren Sie am einfachsten mit Schweißpunkten. Schweißen Sie auf einer Seite die Kugelniete, in der Mitte und auf der anderen Seite die Stahlkugeln an. Lassen Sie sich beim Zusammenhalten am besten von einer zweiten Person helfen.

Auf die Verzierungen können Sie natürlich ebenso verzichten oder diese als Bunde ausführen.

11 Schweißen Sie nun das Rautengitter in den Gitterrahmen. Legen Sie links und rechts unter das Gitter zwei Stäbe mit 10 mm Querschnitt, damit das Gitter genau in der Rahmenmitte angehoben wird. Heften Sie dann das Gitter sauber an den Rahmen.

Beim **Fertigschweißen** bringen Sie das Fenstergitter immer in eine Schweißposition, in der Sie in bequemer Haltung die Arbeiten ausführen können.

12 Es müssen nun noch die **Befestigungen** für das Fenstergitter angefertigt werden. Als Befestigungen dienen vier Bolzen mit 10 mm Durchmesser und 80 mm Länge. Schweißen Sie auf jeden Bolzen eine Beilagscheibe auf, damit das Fenstergitter im richtigen Abstand zum Fenster montiert werden kann.

13 Schweißen Sie die Bolzen in einem Abstand von 600 mm an der Ober- und Unterseite des Rahmens auf.

14 Verschleifen Sie zum Schluß alle Schweißstellen mit einer Winkelschleifmaschine und entgraten Sie alle Kanten mit einer Feile.

15 Der beste **Rostschutz** für das Fenstergitter ist natürlich das Feuerverzinken. Wenn Sie das Gitter aber nicht extra in eine Verzinkerei geben wollen, reicht es auch, wenn Sie das Gitter mit einer Rostschutz- bzw. Zinkstaubfarbe grundieren.

Nach der Grundierung können Sie jeden Farblack auftragen.

16 Passen Sie Ihr Gitter in den Fensterstock ein und markieren Sie die Befestigungsstellen.

Bohren Sie mit einer Handbohrmaschine etwas tiefer als 40 mm in das Holz des Fensterstocks. Verwenden Sie einen 10,5-mm-Bohrer, damit das Fenstergitter streng genug sitzt.

17 Setzen Sie das Gitter in die Bohrungen, bis die an den Bolzen angeschweißten Beilagscheiben am Fensterstock anliegen.

18 Damit die Fenstergitter nicht von außen wieder demontiert werden können, bohren Sie noch senkrecht durch das Holz und die Bolzen. Durch diese Bohrungen schrauben Sie je eine Holzschraube. Die Schrauben sind bei geschlossenem Fenster nicht mehr zu sehen. Das Fenstergitter ist dadurch gesichert.

13

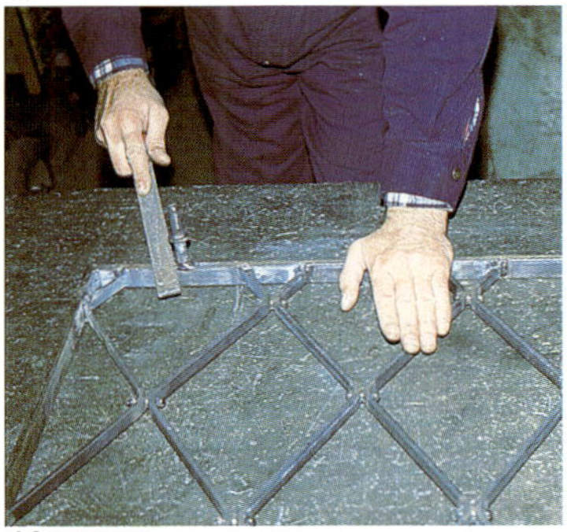
14

15

16

17

18

Ein Pfosten für das Vogelhäuschen

Material
1 Rohr (Ø 50 mm), 1 Platte (2 mm dick).

Werkzeug

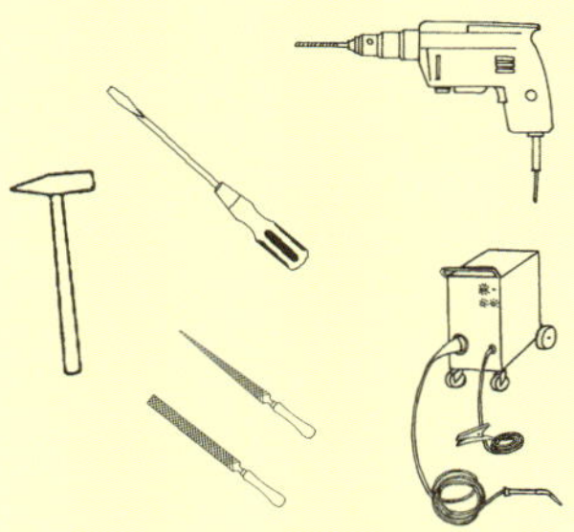

Schwierigkeitsgrad

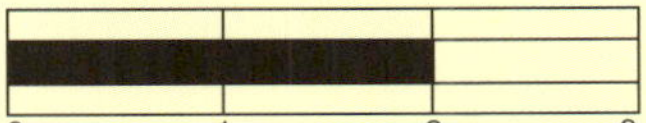

Kraftaufwand

Arbeitszeit
Für diese Arbeit sollten Sie etwa 2 Stunden einplanen.

Ersparnis
Durch die Eigenleistung können Sie rund 100 € sparen.

Der hier beschriebene Pfosten trägt ein Vogelhäuschen.

1 Sofern Sie selbst über ein Materiallager und eine entsprechende Säge verfügen, können Sie das Material selbst zuschneiden. Spannen Sie dazu ein **Rohr** auf die richtige Länge in die Eisensäge ein und schneiden Sie es mit leichtem Druck ab.

2 Das Vogelhäuschen soll auf eine **Metallplatte** aufgeschraubt werden. Die Abmessungen der Platte richten sich nach der Größe des Vogelhäuschenbodens. Beim Verbinden setzen Sie zunächst einen Heftpunkt mit dem Elektroschweißgerät.
Prüfen Sie den rechten Winkel vom Rohr zur Platte und ziehen Sie eine saubere Kehlnaht rings um das Rohr. Grundieren Sie den Pfosten ordentlich, damit ein dauerhafter **Rostschutz** gewährleistet ist.

3 Der Pfosten wird etwa 500 mm in den Boden eingelassen. Verkeilen Sie den Pfosten in dem Loch und bringen Sie ihn mit Hilfe einer Wasserwaage in die Senkrechte. Füllen Sie das Loch mit Zement auf und lassen Sie den Pfosten 36 Stunden unberührt.

1

2

3

Eine Gartentür nach eigenem Geschmack

Material
2 Rechteckrohre (50 x 50 mm), Rechteckrohre (40 x 40 mm), 7 Stäbe (12 x 12 mm), Schloß, 2 Türbänder, Flacheisen, Schließzylinder, Verzierungen, Drücker.

Werkzeug

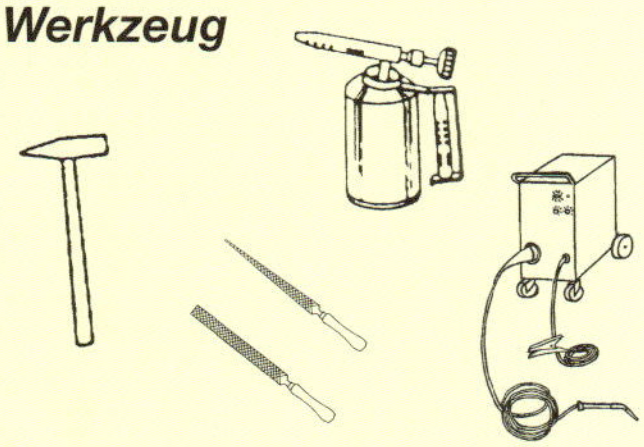

Schwierigkeitsgrad

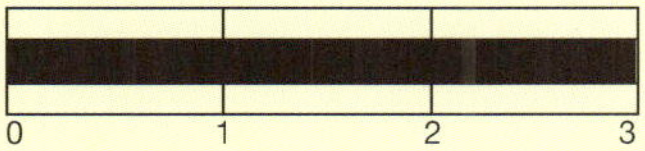

Kraftaufwand

Arbeitszeit
Für dieses Meisterwerk müssen Sie schon etwa 15 Stunden veranschlagen.

Ersparnis
Dafür können Sie auch etwa 650 € sparen.

Eine Gartentür ist die Visitenkarte des Hauses. Es gibt phantasievolle Gestaltungsmöglichkeiten von modernen geraden bis hin zu geschwungenen barocken Formen.

Fertige Schmiedeteile in den vielfältigsten Mustern und Formen werden in Fachgeschäften angeboten. Sie brauchen nur noch kunstvoll angeordnet und zusammengeschweißt werden.

Für den Eigenbau einer Gartentür ist Voraussetzung, daß Sie alle grundlegenden Metallbearbeitungstechniken und Schweißarbeiten beherrschen.

Die ersten Überlegungen, die Sie treffen müssen, unabhängig davon, ob Sie die Gartentür selbst oder teilweise von einer Schlosserei anfertigen lassen wollen, sind:

- Wie groß soll die Gartentür werden?
- Wie wird die Tür aufgehängt (im Mauerwerk oder am Pfosten)?
- In welche Richtung soll die Tür geöffnet werden?
- Wie groß ist die Bodenfreiheit der Tür?
- Wie soll die Tür verschlossen werden (mit Riegel oder mit einem Schloß)?

Dieses Beispiel zeigt eine Gartentür, deren lichte Weite zwischen beiden Pfosten genau 1000 mm beträgt. Sie können den Bau natürlich vereinfachen, indem Sie den abgerundeten Bogen weglassen und stattdessen ein rechteckiges Türchen herstellen.
Ihre **Planzeichnung** sollten Sie in jedem Fall in einem vernünftigen Maßstab anfertigen. Dabei legen Sie das Material fest und berechnen die Längen der Pfosten und der Türrahmenrohre.

1 Wählen Sie die Verzierungen und alle Kaufteile – wie Schloßkasten, Schloß, Drücker, Zylinder und Türbänder – aus. Sie können diese in jedem großen Metallfachhandel erwerben.

2 Übertragen Sie die Zeichnung der Tür mit Kreide auf die **Richtplatte.** Genausogut können Sie die Zeichnung aber auch mit Filzstift auf eine Spanplatte auftragen. Darauf können Sie ebenso die Schweißarbeiten ausführen.

3 Den **Grundrahmen** bildet ein starkwandiges Rechteckrohr mit den Maßen 40 x 40 x 3 mm, die Maße der Pfosten sind 50 x 50 x 4 mm. Am zweckmäßigsten ist es,

1

2

3

die Sägearbeiten an einer entsprechenden Maschine auszuführen. Das Handsägen wäre sehr viel Arbeit und zudem nicht so genau.

Lassen Sie sich daher eventuell die Rechteckrohre von einer Schlosserei anfertigen.

Wenn Sie die Arbeiten selbst ausführen, sollten Sie folgendes beachten:

- Die Rohre des Rahmens werden in Gehrung geschnitten. Dadurch wird ein ordentliches Zusammenpassen und Schweißen möglich.
- Die Pfosten sollten mindestens 500 mm tief im Boden eingelassen werden.
- Die Längsstäbe werden erst dann genau zugeschnitten, wenn der Türrahmen fertig ist und die genauen Längen ausgemessen werden können. Die Stäbe haben einen Querschnitt von 12 x 12 mm und können mühelos mit der Handsäge eingepaßt werden.

4 Entgraten Sie die Kanten mit einer Flachfeile, damit es beim Zusammenschweißen eben aufliegt und keine Verletzungsgefahr besteht.

5 Alle verwendeten Materialien sind nun vorbereitet. Sie spannen dann die Rohre auf der Seite der Schließung zusammen. Den gekauften Schloßkasten und die Rechteckrohre fixieren Sie auf einer geraden Unterlage.

6 Schweißen Sie den **Schloßkasten** an die Rohre. Es sind keine Heftstellen nötig, da die Schraubzwingen ein Verziehen verhindern. Zum Schweißen der Rohre eignet sich am besten ein Schutzgasschweißgerät. Aber auch ein Elektroschweißgerät schweißt die starkwandigen Rohre.
Verschleifen Sie anschließend mit einer Winkelschleifmaschine die Schweißnähte, damit das Rohr eben aufliegt.

7 Ein geschwungenes Türchen ist zwar schöner, macht aber wesentlich mehr Arbeit als ein rechteckiger Türrahmen. Das Biegen von Rohren erfordert viel Geschick und geeignete Hilfsmittel. Nachdem alle Rohre zugeschnitten sind, kann mit dem Zusammenschweißen des **Rahmens** begonnen werden.

Stellen Sie fest, daß sich Winkelungenauigkeiten durch das Schweißen ergeben haben, können Sie diese durch kräftige Hammerschläge bzw. durch Erwärmen mit dem Brenner notfalls korrigieren.

Profitip
Einen Rahmen schweißen Sie richtig zusammen, indem Sie zuerst drei Rohre zu einem »U« zusammenschweißen und danach alle Winkel überprüfen bzw. nachrichten.

Verschweißen Sie danach den kompletten Rahmen der Tür. Die Reihenfolge beim Schweißen ist: Heften, Ober-, Unter-, Außen- und Innenseite.

8 Verschleifen und entfernen Sie alle Schweißreste, den Grat nehmen Sie mit einer Flachfeile weg.

9 Sie können jetzt die genauen Längen der **Füllstäbe** ausmessen und diese mit einer Handsäge ablängen und einpassen.
Die gekauften **Schmiedeteile** müssen Sie sicherlich passend machen. Der Schraubstock hilft beim Zusammendrücken oder Strecken der Ornamente.

Die Längsstäbe schweißen Sie am einfachsten in den Rahmen ein, indem Sie ein Abstandstück zwi-

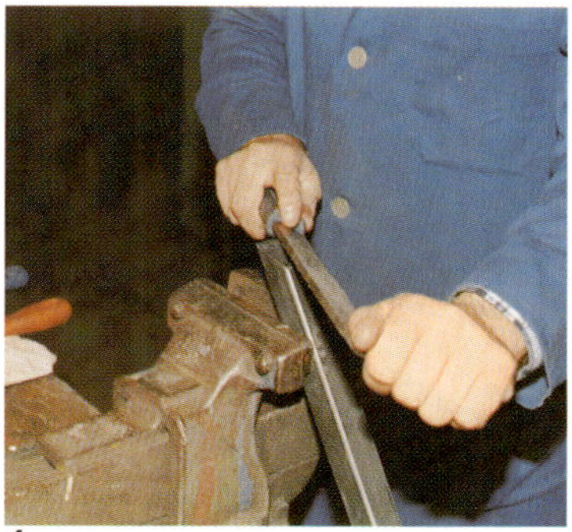
4

5

6

7

8

9

10

11

12

schen die einzelnen Stäbe legen und diese durch einen Heftpunkt mit dem Rahmen gut verbinden.
Plazieren Sie die Ornamente und schweißen Sie das ganze Türchen sauber zusammen. Die Tür wird zusätzlich stabilisiert, indem Sie an allen Verbindungsstellen der Ornamente mit den Stäben Schweißpunkte setzen.
Dem Schweißen folgt das Schleifen. Mit einer Schruppscheibe schleifen Sie alle Nähte plan und entfernen anschließend mit der Feile den scharfkantigen Grat.

10 Durch Anbringen von **Bunden** wird Ihr Türchen zusätzlich verschönert. Die Bunde geben den Eindruck, die Tür sei eine vollständige Schmiedearbeit, denn sie verdecken die Schweißnähte. Bunde gibt es als Fertigteile in unterschiedlichen Längen zu kaufen. Sie brauchen sie nur mit einem Hammer um die Schweißstellen herumzuschlagen.

11 Das Türchen ist fertig. Jetzt müssen noch die **Scharniere**, auch Bänder genannt, befestigt werden. Bei der Anbringung der Bänder, die den Drehpunkt der Tür bilden, muß der Öffnungswinkel bedacht werden, damit die Tür nicht klemmen kann. Setzen Sie die Bänder nicht genau in die Mitte und lassen Sie etwa einen Abstand von 40 mm zwischen Türrahmen und Pfosten.
Es ist wichtig, daß die Türbänder genau auf einer Linie liegen. Als einfachstes Hilfsmittel verwenden Sie eine Stange mit dem gleichen Durchmesser wie die Zapfen, die Sie durch beide Bänder durchstecken. Die Bänder sollten Sie sorgfältig festschweißen, denn an ihnen hängt das ganze Gewicht der Tür.

12 Die **Türpfosten** bilden zwei starkwandige Rechteckrohre mit einem Querschnitt von 50 x 50 mm. Sie werden 500 mm tief in den Boden eingesetzt. Wenn Sie zusätzlich Pratzen anschweißen, haben die Pfosten einen wesentlich besseren Halt im Fundament. An einem der beiden Pfosten schweißen Sie die Türbänder an. Zwischen Tür und Pfosten bleibt ein Abstand von 40 mm. Schlagen Sie die Zapfen in die Bänder; setzen Sie nun einen Heftpunkt zwischen die Bänder und prüfen die Funktionsfähigkeit.
Wenn sich die Tür leicht um den Pfosten drehen läßt, machen Sie eine saubere Schweißnaht.

13 Der **zweite Pfosten** dient als Anschlag der Tür bzw. als Einschließung für Riegel und Falle.
Richten Sie den Pfosten so her, daß Sie die Einschließung genau anzeichnen können.

14 Die markierten Stellen bohren Sie zunächst 10 mm auf und stemmen Sie mit einem Aushaumeißel die Einschließung auf.
Feilen Sie daraufhin die Aussparung sauber aus. Die Einschließung muß groß genug sein, daß Falle und Riegel des Schlosses ohne Widerstand einschließen.

Auf die Oberseite der Rohre schweißen Sie zur optischen Verschönerung ein Flacheisen auf, das als Abdeckung dient.

Bedenken Sie, daß bei einer verzinkungsgerechten Konstruktion das Zink durch das Rohr hindurchfließen können muß, und setzen Sie entsprechende Bohrungen mit mindestens 8 mm Durchmesser.

15 Damit die Tür nicht nach beiden Seiten durchschwingen kann, müssen Sie am Pfosten einen **Anschlag** befestigen. Als Anschlag kann ein Flacheisen mit den Maßen 170 x 40 x 5 mm dienen.
Befestigen Sie das Flacheisen mit zwei ordentlichen Schweißpunkten am Pfosten, die in der Höhe der Einschließung angebracht werden.

Runden Sie die Kanten des Anschlags gut ab, damit Sie sich daran nicht reißen. Die Schlosserarbeit ist damit getan.

Der optimale **Rostschutz** für die Gartentür ist das Verzinken. Diese Arbeit müssen Sie von einer Verzinkerei ausführen lassen. Hier wird das Gartentürchen in ein Tauchbecken gegeben, wobei das Zink in flüssigem Zustand auf das Metall aufgetragen wird. Nach dem Verzinken ist es nötig, die Aussparung für das Schloß und die Bohrungen der Bänder nachzuarbeiten, da diese mit Zink beschichtet sind.

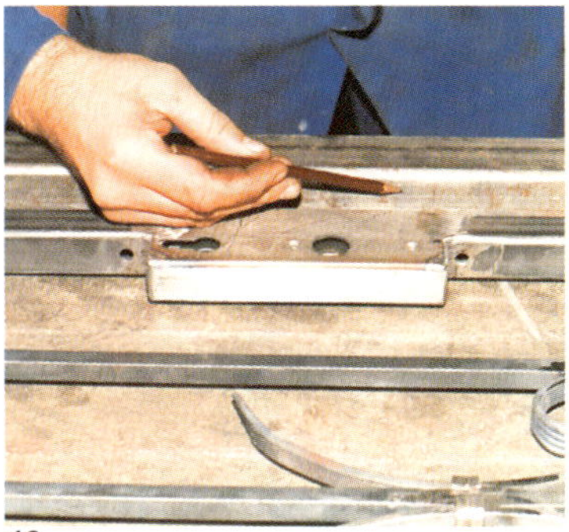
13

14

15

16

17

18

19

16 Das Schloß und die Beschläge schrauben Sie direkt im Schloßkasten fest. Den Schließzylinder schieben Sie ein, indem Sie den Schlüssel um etwa 45 Grad im Schloß verdreht haben. Mit einer langen Durchgangsschraube verschrauben Sie den Zylinder im Schloß.

17 Bei der Montage der Tür müssen zuerst für die Pfosten die Löcher im Boden ausgehauen werden. Ein sinnvolles Hilfsmittel hierfür ist ein **Bohrhammer**, den Sie sich am besten ausleihen. Die Löcher sollten Sie mindestens 500 mm tief aushauen, damit die Pfosten nach dem Einbetonieren einen ordentlichen und festen Halt bekommen.

18 Richten Sie die ganze Konstruktion senkrecht ein. Arbeiten Sie dabei mit einer Wasserwaage.

Sollte allerdings der Untergrund uneben sein, müssen Sie sich nach den örtlichen Gegebenheiten richten.

Befestigen Sie die Pfosten und die Tür provisorisch, indem Sie Holzkeile unterlegen, um dadurch den Sitz der Tür genau prüfen und einpassen zu können. Eine andere Möglichkeit ist die, an die Pfosten Metallteile anzuschweißen und sie damit im Loch zu verklemmen.

Bevor die Türpfosten endgültig einbetoniert werden, prüfen Sie nochmals ihre Gangbarkeit und das Schließen des Schlosses. Bedenken Sie, daß sich die Tür im Laufe der Zeit noch einige Millimeter senken wird! Lassen Sie deshalb die obere Fuge zwischen Tür und schließseitigem Pfosten etwa 5 mm größer als die untere Fuge.

19 Wenn alles stimmt und die Tür im Lot ist, können die Pfosten einzementiert werden. Das Türchen darf nun nicht mehr bewegt werden. Füllen Sie das ausgehauene Loch vollständig mit Beton und glätten Sie die Oberfläche mit der Kelle.

Die Tür muß nun mindestens 36 Stunden zusammengespannt bleiben. Jede Bewegung der Pfosten in dieser Zeit könnte zu einem Lockerwerden führen.

Das Türchen ist fertig montiert. Geben Sie noch einen Tropfen Öl an Schloß und Bänder, damit sich die Tür spielend öffnen läßt.

Wo finde ich was?

Abbildungsverzeichnis

Die nachfolgend in alphabetischer Reihenfolge genannten Firmen haben Bildmaterial, graphische Vorlagen und Informationsmaterial zur Verfügung gestellt. Da sie damit zur Gestaltung dieses Buches beigetragen haben, möchten wir ihnen für diese freundliche Unterstützung danken.

Dolezel GmbH
Tel: 0 89 / 4 48 35 66
Sedanstr. 13
81667 München
Seite 56 – 69

Hei – Hobbywerkstatt
Tel: 0 89 / 4 48 06 23
Wörthstr. 42
81667 München
Seite 46 – 55

Kleiner
Tel: 0 82 61 / 9 94 - 0
Mattieser Str. 50
87712 Mindelheim
Seite 15 (6)

Klaus Krückl
Tel: 0 89 / 8 63 40 67
Zwillergasse 5
81245 München
Seite 80 – 94

Mega GmbH
Tel: 0 89 / 8 29 21 10
Landsbergerstr. 447
81241 München
Seite 70 – 79

Outokump Deutschland GmbH & Co.
Tel: 02 11 / 6 79 67 - 10
Grafenberger Allee 68
40237 Düsseldorf
Seite 17 (2)

Thyssen Schulte GmbH
Tel: 0 89 / 9 20 02 - 3 05
Truderingerstr. 41
81677 München
Seite 15 (2)